Grundzüge der Schweißtechnik

Kurzgefaßter Leitfaden

von

Dipl.-Ing. Theodor Ricken

Baurat an der Staatlichen Ingenieurschule in Frankfurt a. M.

Zweite
verbesserte und ergänzte Auflage

Mit 105 Abbildungen im Text

Springer-Verlag

Berlin / Göttingen / Heidelberg

1949

Inhaltsverzeichnis.

ISBN 978-3-540-01412-6   ISBN 978-3-642-94560-1 (eBook)

DOI 10.1007/978-3-642-94560-1

Vorwort zur zweiten Auflage.

Die Ende 1938 in der ersten Auflage erschienenen „Grundzüge der Schweißtechnik" haben nicht nur bei Studierenden und angehenden Schweißern eine günstige Aufnahme gefunden, sondern auch vielen in der Praxis stehenden Ingenieuren, denen die Schweißtechnik und ihre Anwendungen noch weniger bekannt waren, einen Überblick über dieses Gebiet vermittelt.

Das Buch, dessen Neuauflage durch die Kriegs- und Nachkriegsverhältnisse um viele Jahre verzögert wurde, ist in seinem Aufbau im wesentlichen unverändert geblieben, jedoch entsprechend dem neuesten Stande der Schweißtechnik berichtigt und ergänzt worden. Insbesondere wurden die in den letzten Jahren neu aufgekommenen Schweißverfahren, wie das Elin-Hafergut-Verfahren, das Kaellverfahren, das Ellira-Verfahren, das Schweißverfahren nach Weibel und das Schweißen von Kunststoffen berücksichtigt. Da mit Rücksicht auf die Zeitverhältnisse der Buchumfang kaum erweitert werden konnte, mußte auch jetzt die knappe Ausdrucksweise beibehalten und auf die Behandlung von Einzelheiten verzichtet werden. Dafür ist aber in Fußnoten auf Sonderschrifttum hingewiesen; am Schlusse des Buches sind die wichtigsten schweißtechnischen Werke zusammengestellt. Auch ein Sachverzeichnis wurde angefügt.

I. Einleitung.

A. Begriff des Schweißens.

Das Schweißen dient zur Herstellung fester, unlösbarer Verbindungen von meist gleichartigen Metallteilen ohne Zuhilfenahme eines besonderen Bindemittels (z. B. des Nietes oder eines fremden Metalles, wie bei der Lötung). Die Frage „Was ist Schweißen?" wird in DIN 1910 mit folgender Begriffsbestimmung beantwortet: „Schweißen ist das Vereinigen von Metallen gleicher oder gleichartiger Zusammensetzung unter Einwirkung von Wärme mit oder ohne Zuführung eines gleichen oder gleichartigen Metalles."

Außer Metallen lassen sich auch gewisse Kunststoffe schweißen (vgl. Abschn. VI G, S. 64).

B. Einteilung der Schweißverfahren.

Nach dem Zustand der Werkstückteile an der Verbindungsstelle und den hiermit für das Zustandekommen der Schweißung zusammenhängenden Bedingungen unterscheidet man zwei Hauptgruppen von Schweißverfahren:

1. Preßschweißungen,

bei denen die Vereinigung der Werkstückteile im teigigen Zustande unter Anwendung von Druck oder Schlag erfolgt. Hierzu gehören:

    a) die Hammerschweißung (Feuer- und Wassergasschweißung),
    b) die elektrische Widerstandsschweißung,
    c) die Thermitpreßschweißung.

2. Schmelzschweißungen,

bei denen die Vereinigung der Werkstückteile im schmelzflüssigen Zustande ohne Anwendung von Druck oder Schlag erfolgt, mit oder ohne Zufügung geeigneten Zusatzwerkstoffes. Hierzu gehören:

    a) die Gasschmelzschweißung (Autogenschweißung),
    b) die Lichtbogenschweißung,
    c) die gas-elektrische Schweißung,
    d) das Schweißverfahren nach Weibel,
    e) die Thermitgießschweißung,
    f) die Gußeisenschweißung nach dem Gießverfahren.

C. Bedingungen für die Schweißbarkeit der Metalle.

Für die Schweißbarkeit der Metalle ist ihre Zusammensetzung und ihr Aufbau wie auch ihr Verhalten in der Wärme sehr wichtig, wobei insbesondere die Wärmeleitfähigkeit, die Neigung zur Sauerstoffaufnahme und die Ausdehnung bzw. Schrumpfung eine Rolle spielen.

Die Metalle werden praktisch selten im reinen Zustande, sondern meist mit Beimischungen von Nichtmetallen und anderen Metallen (Legierungen) verwandt. Beim Stahl und Eisen sind als nichtmetallische Zusätze in der Hauptsache Kohlenstoff, Silizium, Schwefel und Phosphor, als metallische Legierungsbestandteile Mangan, Kupfer, Nickel, Chrom, Wolfram, Molybdän, Vanadium, Zinn, Kobalt, Aluminium, Arsen und Titan zu nennen.

Kohlenstoffarmer Stahl läßt sich gut schweißen. Zunehmender Kohlenstoffgehalt erhöht die Festigkeit, erschwert aber das Schweißen. Schon ein Kohlenstoffgehalt über 0,3% wirkt sich schweißtechnisch nachteilig aus.

Silizium verringert die Schweißbarkeit. Sein Anteil soll 0,6% nicht überschreiten. Schon ein Gehalt von mehr als 0,3% kann zu porigen Schweißnähten Anlaß geben.

Schwefel und Phosphor sind unerwünschte Stahl- und Eisenbegleiter. Für eine gute Schweißung soll der Gehalt an Schwefel 0,035%, an Phosphor 0,03% nicht überschreiten. Stahl mit mehr als 0,1% Schwefel neigt zu Rotbruch (Reißen bei Bearbeitung im rotwarmen Zustande), während ein Gehalt von über 0,1% Phosphor den Stahl kaltbrüchig macht (Bruch bei Bearbeitung im kalten Zustande). Schwefel ist überall dort schädlich, wo Spannungen auftreten. Er begünstigt rotwarm die Aufnahme von Sauerstoff, der sogar zur Faulbrüchigkeit führen kann.

Von den metallischen Legierungsbestandteilen wirkt sich Mangan günstig auf die Schweißung aus, ebenso Nickel in Verbindung mit Chrom. Reine Nickelstähle sind schwieriger zu schweißen. Bei Chromstählen nimmt die Schweißbarkeit mit zunehmendem Chromgehalt ab. Kupfer beeinträchtigt die Schweißbarkeit nicht. Wolfram, Molybdän und Vanadium gewährleisten die Schweißbarkeit bis zu einem gewissen Grade; dagegen kann sie durch Zinn, Aluminium, Arsen und Titan wesentlich herabgesetzt werden.

Die normalen Baustähle, wie St 00, Handelsbaustahl, St 34 und St 37 können mit allen Verfahren gut verschweißt werden. Auch St. 52 und Sonderstähle sind unter Berücksichtigung gewisser Bedingungen und bei Auswahl des geeigneten Verfahrens ohne Schwierigkeiten schweißbar. Gußeisen ist unter Beachtung bestimmter, später behandelter Vorsichtsmaßregeln gut schmelzschweißbar.

Die Nichteisenmetalle, wie Kupfer, Bronze, Zink und Aluminium können heute mit der elektrischen Widerstandsschweißung und den Schmelzschweißverfahren geschweißt werden. Bei ihnen muß die im Gegensatz zu Stahl und Eisen sehr hohe Wärmeleitfähigkeit und starke Neigung zur Sauerstoffaufnahme im flüssigen Zustande berücksichtigt werden. Hierauf wird bei Behandlung der Nichteisenmetallschweißung noch näher eingegangen.

II. Die Preßschweißverfahren.

A. Die Hammerschweißung.

1. Die Feuerschweißung

stellt das älteste Schweißverfahren dar. Die Werkstücke, deren Enden abgeschrägt oder eingekerbt sind, werden im Schmiede- oder Koksfeuer bis auf Weißglut erhitzt und dann auf dem Amboß durch Hammerschläge (von Hand- oder Maschinenhämmern) vereinigt. Um während der Erhitzung eine Oxydation der Schweißflächen zu verhindern, wird auf diese Schweißpulver (Quarzsand, Borax oder Glaspulver) gestreut. Hierdurch werden auch bereits entstandene Oxyde gebunden. Erhitzt man die Werkstücke im Schweißofen, dann wird die Zufuhr an Verbrennungsluft so geregelt, daß Sauerstoffmangel herrscht und dadurch eine Oxydation ausgeschlossen ist.

Die Feuerschweißung ist heute nahezu durch die neueren Schweißverfahren verdrängt, da sie erheblich teuerer als letztere ist, und, wenn gute Ergebnisse erzielt werden sollen, an die Geschicklichkeit und Zuverlässigkeit der Arbeiter sehr hohe Anforderungen stellt. Angewandt wird sie noch z. T. bei Schmiedearbeiten sowie beim Schweißen schwerer Ketten.

2. Die Wassergasschweißung

benutzt zum Erhitzen der Werkstückenden Wassergas, das in einem schachtartigen, mit glühendem Koks oder Anthrazit gefüllten Generator dadurch erzeugt wird, daß durch diesen abwechselnd Luft und Wasserdampf geblasen werden. Beim Durchblasen der Luft (Warmblasen) wird zunächst der Koks auf Weißglut gebracht; das hierbei entstehende Gas läßt man als minderwertig entweichen. Hierauf bläst man durch den glühenden Koks Wasserdampf (Kaltblasen). Der Wasserdampf zerlegt sich in Wasserstoff und Sauerstoff. Letzterer verbindet sich mit dem Kohlenstoff zu Kohlenoxyd. Das nunmehr erzeugte Wassergas besteht also in der Hauptsache aus Wasserstoff und Kohlenoxyd und enthält als Nebenbestandteile noch geringe Mengen Stickstoff und Methan. Sein Heizwert liegt über 2000 WE/m³. Es wirkt reduzierend, d. h. es verhindert die Bildung von Oxyden auf der Oberfläche der Werkstücke und eignet sich daher gut zur Schweißung.

Die Wassergasschweißung wird zur Herstellung von Rohren und Blechzylindern über 350 mm Durchmesser und 15—100 mm Wandstärke benutzt. Das Gas wird unter Zuführung von Gebläseluft in zwei Brennern mit schlitzförmigen Düsen in Stichflammen mit einer Temperatur von etwa 1800° verbrannt. Das vorbereitete Werkstück, das in der Regel auf einem Wagen liegt, wird durch die zangenförmig beiderseits angeordneten Brenner auf eine Länge von 100—300 mm erwärmt und dann auf einem Amboß durch Hämmer oder Druckrollen verschweißt, die bei größeren Anlagen maschinell arbeiten. Da die Anlagekosten einer Wassergas-Schweißstraße sehr hoch sind und der Anwendungsbereich des Verfahrens begrenzt ist, wird es nur von wenigen großen Werken betrieben.

B. Die elektrische Widerstandsschweißung

beruht auf der Eigenschaft des elektrischen Stromes, daß er einen in den Stromkreis eingeschalteten Leiter — das Werkstück — an der Stelle des größten Widerstandes, d. h. unmittelbar neben der Stoßfuge besonders stark erhitzt. Da nach dem Joule'schen Gesetz die erzeugte Wärmemenge nicht nur von dem Widerstande und der Zeit, sondern auch von dem Quadrate der Stromstärke abhängt, spielt letztere bei den Widerstandsschweißverfahren eine wesentliche Rolle. Man verwendet Stromstärken bis zu 100000 A, hingegen niedrige Spannungen von nur 0,5—10 V. Der höhergespannte Netzstrom wird mittels eines Umspanners (Transformators) auf die angegebenen Strom- und Spannungswerte gebracht. Aus diesem Grunde verwendet man für die Widerstandsschweißung nur Wechselstrom. Gleichstrom scheidet aus wirtschaftlichen Gründen aus, da seine Umspannung große und teuere umlaufende Maschinen erfordern würde.

Mit den Widerstandsschweißverfahren schweißbare Metalle sind: Stahl, Stahlguß, Temperguß, Kupfer, Bronze, Messing, Zink, Aluminium und die meisten Aluminiumlegierungen, ferner Platin, Gold und Silber; nicht schweißbar ist Gußeisen.

Zur Widerstandsschweißung gehören folgende Verfahren:

1. die Stumpfschweißung,
2. die Punktschweißung,
3. die Nahtschweißung.

1. Die Stumpfschweißung.

Das Schema einer Stumpfschweißung ist in Abb. 1 dargestellt. Bei dem älteren Verfahren, der Druckschweißung oder ruhenden Stumpfschweißung werden die zu schweißenden Stücke zwischen die an die Sekundärseite des Umspanners angeschlossenen Spannbacken so eingespannt, daß sich die sauber bearbeiteten Stoßflächen berühren. An der Schweißstelle, wo der Strom den größten Widerstand (Übergangswiderstand) findet, werden die Stücke durch die hohe Sekundärstromstärke in kurzer Zeit auf Weißglut (teigiger Zustand des Materials) erhitzt und nach Ausschalten des Stromes durch eine Stauchvorrichtung

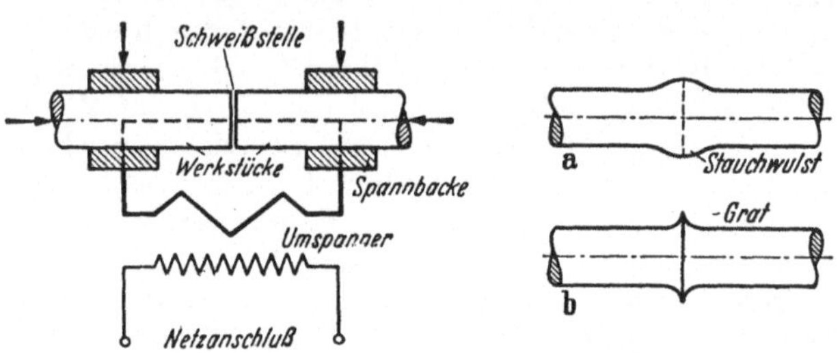

Abb. 1. Schema der Stumpfschweißung.   Abb. 2. Schweißstelle bei der Druck- und Abbrennschweißung.

kräftig zusammengedrückt. Hiermit ist die Schweißung vollzogen. Durch die Stauchung entsteht an der Schweißstelle eine Wulst (Abb. 2a), die sog. Stauchwulst, die vielfach nachträglich entfernt werden muß, und zwar durch eine besondere Wulstpresse oder durch Abschmirgeln bezw. Abschleifen.

Die Druckschweißung wird heute außer für Kupfer und Leichtmetalle nur noch bei kohlenstoffarmen Stählen und dann auch nur bei vollen Querschnitten bis etwa 200 mm² angewandt, z. B. bei der Kettenschweißung. Sonst benutzt man allgemein die Abbrennschweißung, die bessere Ergebnisse liefert und für beliebige Querschnitte und alle schweißbaren Stahlsorten brauchbar ist.

Die Abbrennschweißung (Abschmelzschweißung) kann auf denselben Maschinen durchgeführt werden wie die Druckschweißung. Sie unterscheidet sich von dieser aber durch die Arbeitsweise. Im Gegensatz zur Druckschweißung ist der Strom bereits eingeschaltet, bevor die Arbeitsstücke sich berühren. Durch gleichmäßiges bzw. beschleunigtes Aufeinanderbewegen der Werkstücke tritt an den Stoßflächen, die im Gegensatz zur Druckschweißung nicht bearbeitet sind und vorspringende Teile und Grate haben können, ein Funkensprühen (Überspringen kleiner Lichtbögen) über den ganzen Querschnitt auf. Vorspringende Teile schmelzen ab und selbst bei unregelmäßigen Querschnitten kommen die Stoßflächen in allen Punkten auf gleichmäßige Schweißhitze. Nach hinreichender Erwärmung werden die Werkstücke unter gleichzeitiger Ausschaltung des Stromes schlagartig zusammengepreßt. Hierdurch wird das flüssige Metall und die Schlacke aus der Schweißstelle herausgedrückt und es entsteht der für die Abbrennschweißung charakteristische Grat (Abb. 2b), der sich durch Hammerschläge bzw. mit einem Meißel entfernen läßt.

Der Vorteil der Abbrennschweißung gegenüber der Druckschweißung liegt in dem Fortfall der Vorbereitung der Stoßflächen, in der gleichmäßigen Erhitzung verschieden starker Stellen sowie in der Vermeidung von Blasen und Schlackeneinschlüssen. Sie eignet sich außer zur Schweißung von Profilen und Rohren auch für hochwertige Stähle sowie zum Aufschweißen von teurem Schneidstahl auf geringere Stahlsorten. Die Abbrennschweißung erfordert eine etwas höhere Spannung und geringere Stromstärke als die Druckschweißung. Zeit- und Strombedarf sind geringer, die Festigkeit durchweg höher als bei dieser.

Stumpfschweißmaschinen. Wie aus der Darstellung des Schweißvorganges hervorgeht, muß jede Stumpfschweißmaschine einen Umspanner, eine Einspannvorrichtung und eine Stauchvorrichtung besitzen.

Der Umspanner, dessen Unterspannungs- oder Sekundärspule entsprechend der niedrigen Spannung und hohen Stromstärke durchweg nur aus einer Windung lamellierten Flachkupfers besteht, besitzt oberspannungs- oder primärseitig eine Regeleinrichtung für die Einstellung der Schweißstromstärke, entsprechend den zu verschweißenden Werkstoffen und Querschnitten. Durch diese Regeleinrichtung, die mit 6—10 Stufen arbeitet, kann die Stromstärke bis auf ein Zehntel ihres Höchstwertes herabgemindert werden. Die Regelung wird meist durch Zu- und Abschalten von Primärwindungen verlustlos durchgeführt. Die Regelung durch Drosselspulen ist zwar genauer, aber mit Verlusten verbunden.

Der Anschluß der Maschine erfolgt bei den heute meist vorhandenen Drehstromnetzen zwischen zwei Phasen. Mehrere Maschinen verteilt man gleichmäßig auf alle drei Phasen. Die Elektrizitätswerke gestatten heute meist die Belastung einer Phase bis 50 kVA. Das Maschinengehäuse muß mit Rücksicht auf Unfallverhütung sorgfältig und ausreichend geerdet werden.

Die Einspannvorrichtung besteht aus den Spannbacken, die bei kleineren Maschinen durch Handhebel, bei größeren motorisch betätigt werden. Der Spanndruck muß auf alle Fälle so hoch sein, daß ein Rutschen des Werkstückes während des Stauchens ausgeschlossen ist. Die Spannbacken (auch als Klemmbacken oder Elektroden bezeichnet) sind meist auswechselbar und, soweit sie stromführend sind, aus Kupfer oder härteren Kupferlegierungen hergestellt. Für nicht stromführende Backen wird Stahl verwandt. Zum Schutz gegen übermäßige Erwärmung werden die Backen von innen durch Wasser gekühlt, und zwar durch Anschluß an eine Wasserleitung oder durch eine Umlaufpumpe.

Die Form der Spannbacken richtet sich nach den zu schweißenden Werkstücken. Flachbacken kommen nur für rechteckige Werkstoffquerschnitte in Frage (Abb. 3a), während man z. B.

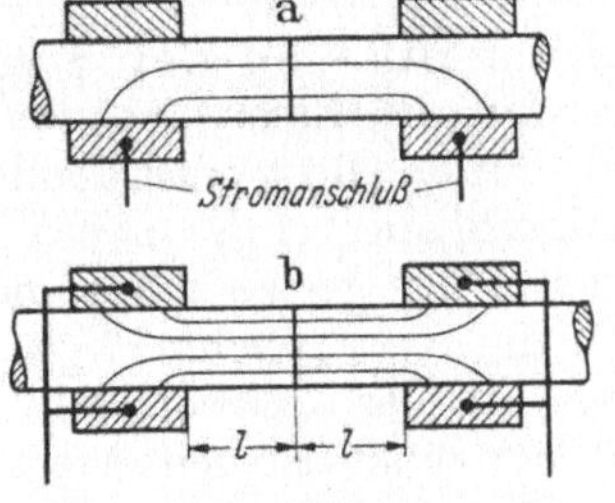

Abb. 4. Stromzuführung zu den Spannbacken.

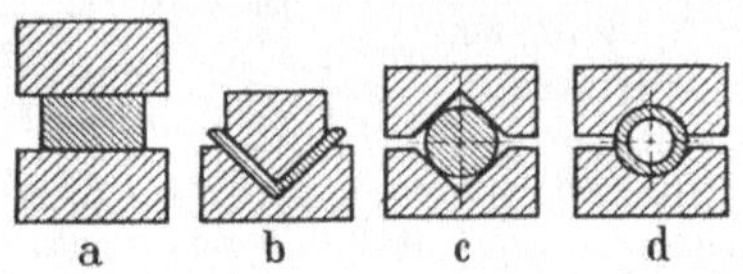

Abb. 3. Spannbacken-Querschnitte.

für Winkelquerschnitte schon Sonderbacken benötigt (Abb. 3b). Für Rundstangen verwendet man Backen mit keilförmigen Einschnitten. Hierdurch wird die Strom- und Druckübertragung verbessert und eine genaue Zentrierung ermöglicht (Abb. 3c). Die stromlose Backe kann auch flach gehalten werden.

Die Einspannung von Rohren, Felgen und sonstigen Hohlquerschnitten verlangt Backen, die dieselben von außen genau umschließen, um Verformungen zu vermeiden (Abb. 3d).

Die **Stromzuführung** kann bei kleineren Maschinen durch die unteren (festliegenden) Backen erfolgen (Abb. 4a). Bei größeren Maschinen wählt man eine diagonale oder doppelseitige Stromzuführung (Abb. 4b), um den Strom durch die Mitte des Schweißquerschnittes zu führen und dadurch den ganzen Querschnitt gleichmäßig zu erhitzen.

Die **Stauchvorrichtung** wird bei kleineren und mittleren Maschinen durch einen Handkniehebel oder Handstern, bei größeren Maschinen motorisch betätigt. Der Stauchweg kann, je nach Stärke des Werkstückes, durch einen verstellbaren Anschlag eingestellt werden. Die Ausschaltung des Schweißstromes und der Beginn der Stauchung wird vielfach durch ein Lichtsignal angezeigt.

Stumpfschweißmaschinen für größere und größte Querschnitte arbeiten halb- oder vollselbsttätig. Während bei ersteren die Spann- und Staucheinrichtungen selbsttätig arbeiten, wird bei letzteren auch der Abbrennvorgang und u. U. auch das Vorwärmen des Werkstückes selbsttätig abgewickelt.

Abb. 5 zeigt eine vollselbsttätige Stumpfschweißmaschine für 100 kVA Dauerleistung und einen größten schweißbaren Eisenquerschnitt von 6500 mm² (entsprechender Rundquerschnitt $\cong$ 91 mm Durchmesser). Die Ein- und Ausschaltung des Stromes erfolgt durch Fußdruckknopf über ein Schaltschütz (elektromagnetisch betätigter Schalter), die Einstellung der Stromstärke durch einen Stufenschalter (5 × 5 Stufen). Einspann- und Stauchvorrichtung werden motorisch betätigt.

Zur **Ausführung der Schweißarbeit** selbst sei gesagt, daß die Einspannenden möglichst sauber und frei von Farbe, Rost oder Zunder sein müssen, um den Stromdurchgang bei der niedrigen Spannung nicht zu behindern oder gar zu unterbinden. Dann müssen die Stücke, um eine gleichmäßige Erhitzung zu gewährleisten, an der Schweißstelle gleichen Querschnitt haben. Bei verschiedenen Querschnitten muß man entweder den stärkeren abdrehen (Abb. 6a) oder den schwächeren anstauchen (Abb. 6b). Hebel und Kurbelarme müssen mit einem dem Wellenquerschnitt entsprechenden Ansatz versehen sein (Abb. 6c). Bei T-Verbindungen genügen kleine Sägenschnitte, um die Schweißhitze an der gewünschten Stelle zu stauen (Abb. 6d).

Die **Einspannlängen**, d. h. die über die Spannbacken hinausstehenden freien Werkstückenden, richten sich nach dem Querschnitt und der Stromleit-

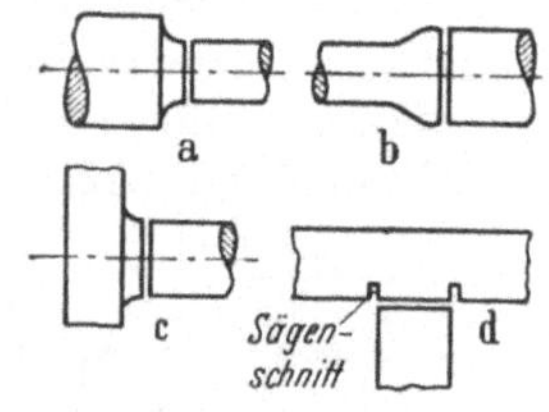

Abb. 5. Stumpfschweißmaschine (AEG.).

Abb. 6. Vorbereitung der Werkstücke für die Stumpfschweißung.

fähigkeit des Werkstoffes. Kupfer mit höherer elektrischer Leitfähigkeit verlangt größere Einspannlängen als Stahl, auch bei weichem Stahl ist die Einspannlänge größer als bei hartem. Bei weichem Stahl rechnet man als Gesamt-Einspannlänge etwa $1{,}4d$, wenn d der Durchmesser des zu schweißenden Stabes ist, bei Kupfer $4d$, bei Messing $3d$. Die Stumpfschweißung gestattet auch die Verbindung zwischen ungleichartigen Metallen, wie Stahl mit Temperguß bzw. Stahl mit Kupfer, was strenggenommen mehr eine Hartlötung ist. Hier muß auf die verschiedenen Einspannlängen, die sich wie ihre elektrischen Leitfähigkeiten verhalten, wie auch auf die Oxydbildung bei einigen Metallen, wie z. B. Aluminium und Messing, Rücksicht genommen werden. Im letzteren Falle setzt man ein geeignetes Schweißpulver oder Flußmittel zu. Die Verschweißung verschiedener Metalle erfordert große praktische Erfahrungen.

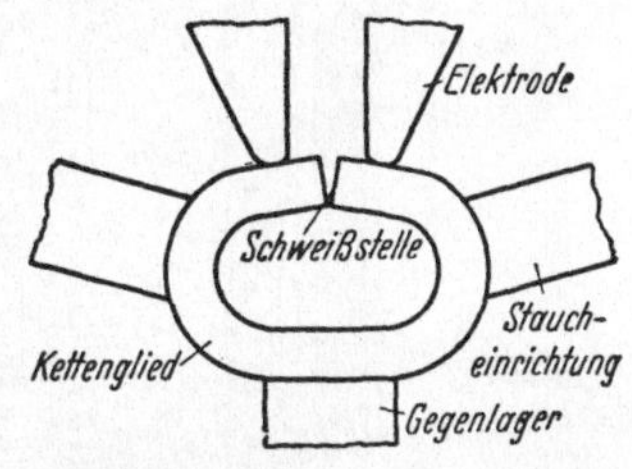

Abb. 7. Schema der Kettenschweißung.

Ein besonderes Anwendungsgebiet der Stumpfschweißung ist die **Kettenschweißung**, die in Abb. 7 schematisch dargestellt ist. Die maschinell abgeschnittenen, vorgebogenen und eingehängten Kettenglieder werden auf einer besonderen Kettenschweißmaschine nach dem Verfahren der Druckschweißung bis etwa 20 mm Rundstahldurchmesser stumpf verschweißt. Das auf dem Gegendrucklager ruhende Kettenglied wird durch die beiden stromführenden Elektroden zusammengedrückt, erhitzt und durch seitlichen Stauchdruck verschweißt. Die Entfernung der Stauchwulst sowie das Kalibrieren (Drücken auf genaue Länge und genaue Dicke) erfolgt vielfach unmittelbar in der Kettenschweißmaschine. Stärkere Kettenglieder werden in zwei Hälften gebogen und nach dem Abbrennverfahren verschweißt.

Die **Grenzen** der Stumpfschweißung liegen für Stahl bei 0,07 und 40000 mm². Kupfer läßt sich wegen seines hohen elektrischen und Wärmeleitwertes nur bis zu 2000 mm² stumpf schweißen; bei Leichtmetallen liegt die Grenze z. Zt. bei 300 mm².

2. Die Punktschweißung

dient dazu, eine Verbindung von Metallflächen durch einzelne Schweißpunkte herzustellen. Der Grundgedanke der Punktschweißung ist derselbe wie der der Stumpfschweißung, nur treten an die Stelle der Spannbacken stiftförmige Kupferelektroden. Zwischen ihnen wird das Schweißgut eingeklemmt. Bei Einschaltung des Stromes nach Andrücken der Elektroden gegen die zu verschweißenden Werkstücke — im vorliegenden Falle die Bleche a_1 und a_2 der Abb. 8 — fließt der Strom durch die Bleche, erhitzt diese an der Durchtrittsstelle auf Schweißtemperatur und stellt einen Schweißpunkt her.

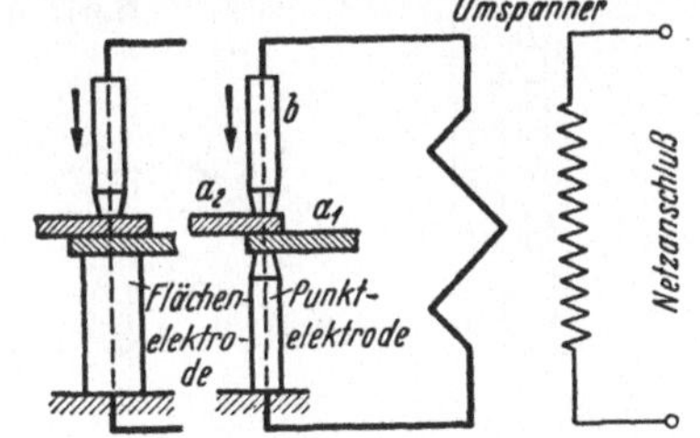

Abb. 8. Schema der Punktschweißung.

Die **Punktschweißmaschinen** sind durchweg so eingerichtet, daß bei Betätigung eines Fußtrittes oder Handhebels durch den oberen beweglichen Hebelarm mit der Elektrode b zunächst die beiden Bleche angedrückt und festgeklemmt werden. Beim weiteren Durchdrücken des Fußtrittes oder Hebels schließt sich der Stromschalter. Nach beendeter Schweißung wird zuerst der Strom ausgeschaltet und dann das Werkstück freigegeben.

Eine normale Punktschweißmaschine für 10—60 kVA Nennleistung zeigt Abb. 9. Die obere Elektrode wird durch einen bügelförmigen Fußtritt betätigt, der untere Elektrodenarm ist zur Vergrößerung des Abstandes vom oberen Elektrodenarm auf einer Nutenkontaktplatte höhenverstellbar angeordnet. Beide Elektrodenarme können zur Veränderung der Ausladung in ihrer Längsrichtung verschoben und zwecks Schrägstellung der Elektrode um ihre Achse gedreht werden. Der Schweißstrom ist durch den seitlichen Drehschalter. in 6 bzw. 10 Stufen regelbar.

Abb. 9. Punktschweißmaschine (Messer & Co.).

Abb. 10 zeigt einen Elektrodenschaft mit normaler Elektrode. Das Kühlwasser tritt bei a ein, dringt durch das Röhrchen b bis tief in das Innere der Elektrode und läuft bei c ab. In den Elektrodenschaft können auch verschiedenartig geformte Sonderelektroden eingesetzt werden. Entsprechend der Bohrungstiefe der Einsatzelektrode kann das Röhrchen b in einer Stopfbüchse mit dem Dichtungsring d verschoben werden. — Um bei bestimmten Arbeiten den Eindruck der Stiftelektrode in das Werkstück zu vermeiden, verwendet man die in Abb. 8 angegebene Flächenelektrode. Für Schweißungen in engen Hohlkörpern sowie bei Sonderarbeiten benutzt man gekröpfte oder Winkel-Elektroden.

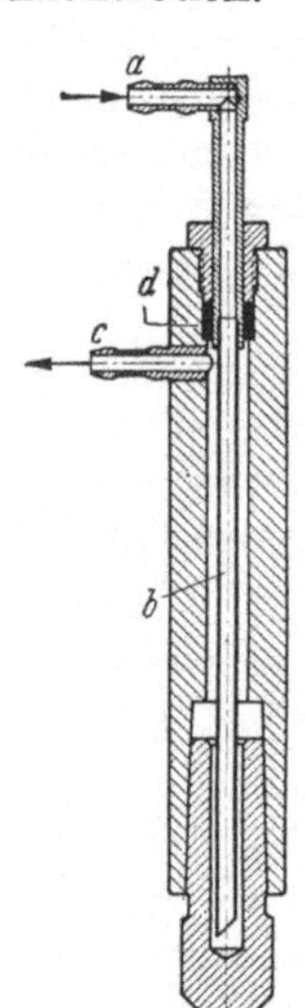

Außer den normalen Punktschweißmaschinen hat man Doppelpunkt- und Mehrpunktschweißmaschinen und Schnellpunktschweißmaschinen. Bei der Mehrpunktschweißmaschine arbeiten mehrere Elektrodenpaare gleichzeitig, bei der Schnellpunktschweißmaschine wird die obere Elektrode in schneller Aufeinanderfolge durch einen Elektromotor oder durch Preßluft auf- und abbewegt (60 bis 300 Punkte/min). Sie kommt in Frage, wenn auf kleinem Raum viele Punkte geschweißt werden müssen. — In Zukunft wird überhaupt die mechanisch betätigte Punktschweißmaschine vorherrschen.

Zur Schweißung größerer Werkstücke, z. B. im Waggonbau, verwendet man heute bewegliche Punktschweißmaschinen, sog. Punktschweißzeuge, die mit dem Umspanner durch Kabel verbunden und an einem dreh- oder fahrbaren Gestell aufgehängt sind und von Hand oder durch Preßluft betätigt werden. Meist handelt es sich hier um Punktschweißzangen. Eine Punktschweißzange für Preßluftbetrieb zeigt Abb. 11. Bei sperrigen Werkstücken kann man auch mit sog. Stoßelektroden (Einelektrodenschweißzeuge) arbeiten, die auf das an einen Pol der Stromquelle angeschlosseue Werkstück aufgesetzt und von Hand angedrückt werden.

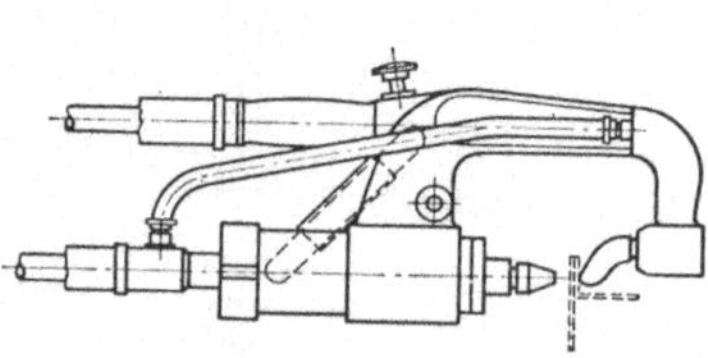

Abb. 10. Punktelektrode (Messer & Co.).

Abb. 11. Punktschweißzange (SSW.)

Bei der Buckel- oder Projektionsschweißung (auch Warzen, Dellen- oder Reliefschweißung genannt), erhält eines der zu verschweißenden Stücke nach Abb. 12 kleine Erhöhungen (Buckel). Werden die Stücke in der Schweißpresse unter Druck gesetzt, so bilden die Erhöhungen die einzigen Übergangsstellen für den nunmehr eingeschalteten Strom. Dadurch wird die Schweißzeit und die Wärmezone eng begrenzt. Unter dem Druck der Schweißpresse gehen die Buckel wieder zurück, die Bleche liegen eng aufeinander. Die Buckelschweißung eignet sich als Mehrpunktschweißung für die Massenfertigung.

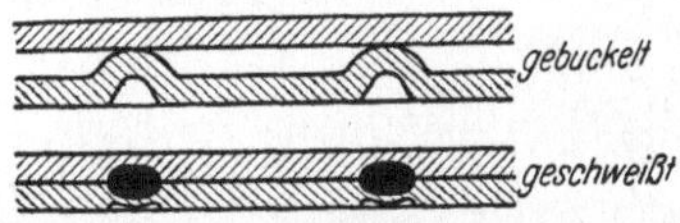

Abb. 12. Buckelschweißung.

Auch bei der Punktschweißung müssen die zu verschweißenden Teile frei von Rost und Zunder sein. Eine mittlere Rostschicht verhindert schon den Durchgang des Stromes.

Die Anwendung der Punktschweißung erstreckt sich auf Blecharbeiten, wie Rohre, Fässer, Behälter, Apparate, Automobilkarosserien, Waggonwände, Radiatoren, Blechmöbel und Emaillewaren, ferner auf leichte Stahlkonstruktionen, wie Tore, Gitterroste u. dgl. Die schweißbare Gesamtdicke ist an sich nicht begrenzt; aus wirtschaftlichen Gründen geht man aber bei Stahl nicht über 25 mm Gesamtdicke.

3. Die Nahtschweißung (Rollennahtschweißung)

hat sich aus der Punktschweißung durch dichtes Aneinanderreihen von Schweißpunkten entwickelt. Eine Schweißnaht, aus einzelnen sich überschneidenden Punkten aneinandergereiht, ist wohl wasser- und öldicht, aber in ihrer Herstellung zu umständlich. Man hat daher die Stiftelektroden durch scheibenförmige Rollenelektroden ersetzt, die maschinell angetrieben werden. Das Schema der Nahtschweißung ist in Abb. 13 dargestellt. Die Bleche laufen zwischen den unter Druck stehenden, stromführenden Rollen hindurch und werden in einer Naht verschweißt.

Für den Antrieb der Rollen und die Stromzuführung bestehen verschiedene Verfahren. Das ursprüngliche Verfahren, dauernde Rollenbewegung bei eingeschaltetem Strom, eignet sich für dünne Bleche bis zu 1 mm Dicke. Es hat gegenüber einigen anderen Verfahren den Vorzug größerer Schweißgeschwindigkeit, jedoch erfordert es saubere, zunderfreie Bleche. Jede Schwankung im Strom und Rollendruck kann zu Fehlern

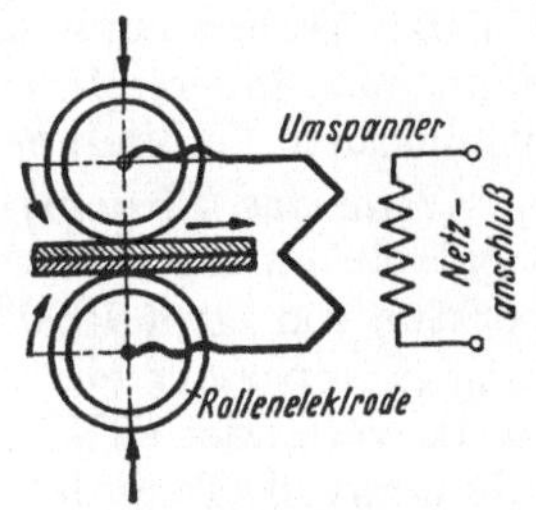

Abb. 13.
Schema der Nahtschweißung.

führen. Ein weiteres Verfahren ist das Rollenschrittverfahren, das der Punktschweißung ähnelt. Man läßt die Rollen während des Stromdurchganges stillstehen und bei ausgeschaltetem Strom weiterlaufen. Bei diesem Verfahren ist die Schweißgeschwindigkeit geringer als beim ersten; es erfordert aber geringere elektrische Leistungen und ist auch für weniger gut vorbereitete Bleche brauchbar, ebenso spielen kleine Unterschiede im Strom und Elektrodendruck keine Rolle. Das Nahtschweißverfahren mit Stromunterbrechung und stetig sich drehenden Rollen hat gegenüber dem Rollenschrittverfahren noch den Vorteil einer höheren Schweißgeschwindigkeit.

Bei einem neueren Verfahren wird bei ununterbrochenem Rollenlauf der Schweißstrom mittels eines Drehtakters oder „Modulators" gesteuert. Die dem

Werkstück zugeführte elektrische Energie schwankt abwechselnd zwischen einem Höchst- und Mindestwert. Bei den Höchstwerten werden die sich überlappenden Schweißpunkte der Naht gebildet. Dieses Verfahren wird für Nahtschweißmaschinen jeder Größe angewandt. — Nichteisenmetalle müssen wegen ihrer guten Wärmeleitfähigkeit mit hohem Strom in kürzester Zeit geschweißt werden; der jeweilige Energiestoß muß genau abgemessen sein. Diese Forderungen sind meist nur mit gittergesteuerten Stromrichtern oder mit der Kaskadensteuerung[1] zu erreichen.

Die Ausführung einer Nahtschweißmaschine für 75—100 kVA zeigt Abb. 14. Die seitlichen Handräder dienen zur Grob- und Feineinstellung des Schweißstromes. Durch Drehung des oberen Rollenkopfes und Auswechselung des unteren Armes kann die Maschine auch für Längsnahtschweißungen benutzt werden.

Die Nahtschweißung findet hauptsächlich bei der Herstellung dünnwandiger Blechgegenstände, wie Eimer, Kannen, Rohre, Eisenfässer, Radiatoren u. dgl. Anwendung.

Abb. 14. Nahtschweißmaschine (Messer & Co.).

III. Die Thermitschweißung

oder aluminothermische Schweißung beruht auf der Eigenschaft des Aluminiums, bei der Verbrennung ungewöhnlich hohe Temperaturen zu entwickeln und sich dann mit Sauerstoff zu verbinden. Hierdurch kann der Sauerstoff aus anderen chemischen Verbindungen, z. B. Eisenoxyd, gelöst werden.

Wenn das Thermit, eine Mischung aus gepulvertem Aluminium und Eisenoxyd, an einem Punkte mit Hilfe eines besonderen Zündmittels auf eine Temperatur von etwa 1000° erhitzt wird, so brennt es unter starker Wärmeentwicklung (Temperatur etwa 3000°) und wird dabei flüssig. Der Sauerstoff des Eisenoxyds verbindet sich mit dem Aluminium und es entsteht reines Eisen und Aluminiumoxyd (Tonerde), welches als Schlacke auf dem schwereren Eisen schwimmt.

Die Thermitschweißung wird hauptsächlich zur Schweißung von Schienenstößen benutzt. Sie kann als Preßschweißung und als Schmelzschweißung (Gießschweißung) angewandt werden.

Bei der Thermitpreßschweißung wird folgendermaßen verfahren: Mit der in einem Kipptiegel entzündeten und verflüssigten Thermitmasse (Schlacke und Thermiteisen) werden die mit einer Form umgebenden Schienenenden umgossen und hierdurch auf Schweißhitze gebracht. Nunmehr werden sie durch einen Stauchapparat zusammengedrückt, wodurch die Preßschweißung vollzogen wird. Bei der Thermitschmelzschweißung benutzt man an Stelle des Kipptiegels einen Spitztiegel (Abb. 15), aus dem zuerst das Eisen in die etwa 10 mm

---

[1] E. Rietsch: Die neueste Steuerung für elektrische Punkt- und Nahtschweißmaschinen. Elektroschweißung 1939, S. 165.

breite Lücke zwischen den Schienenenden abfließt, diese zum Schmelzen bringt und mit ihnen zu einem Ganzen zusammenschmilzt. Die Schlacke fließt ungenutzt ab. Aus beiden Verfahren hat sich die heute sehr viel angewandte **kombinierte Thermitschweißung** entwickelt, die in Abb. 15 dargestellt ist. Sie besteht in einer Verschmelzung der Schienenfüße und Stege durch Thermiteisen (Thermitschmelzschweißung) und einer Preßschweißung der durch die Schlacke auf Schweißhitze erwärmten Schienenköpfe. Der Arbeitsgang des Verfahrens ist in Abb. 16 veranschaulicht. Zwischen die ausgerichteten und mittels Lückenhobel bearbeiteten Schienenenden wird ein blankes Schienenstück mit beiderseitigen Schweißblechen eingeklemmt. Hierauf wird der Stoß mit einer zweiteiligen, feuerfesten Form umlegt und durch ein Benzingebläse vorgewärmt. Nunmehr wird die erforderliche Thermitmenge in einem Spitztiegel entzündet. Nach

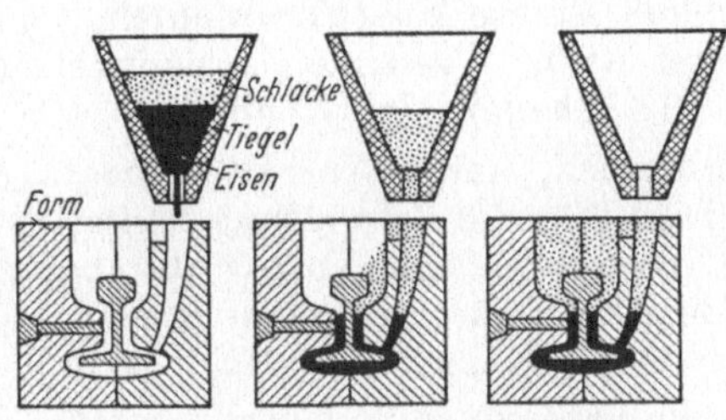

Abb. 15. Schema der kombinierten Thermitschweißung (Elektro-Thermit).

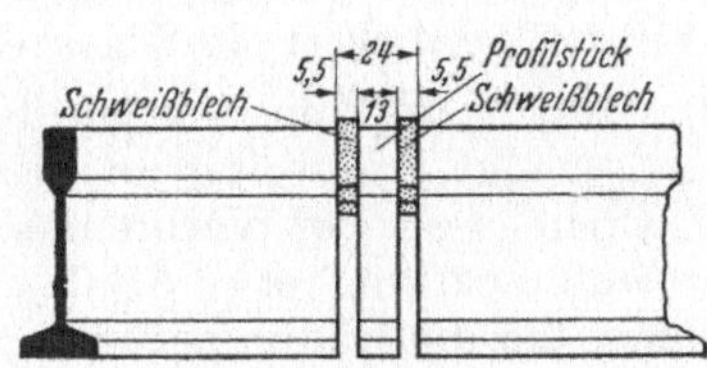

Abb. 16. Schweißung eines Schienenstoßes (Elektro-Thermit).

erfolgter Reaktion, deren Dauer 20—40 s beträgt, wird der Tiegel abgestochen. Es fließt zuerst das Eisen, dann die Schlacke in die Form. Ersteres verschmilzt den Schienensteg und -fuß, letztere bringt den Schienenkopf in etwa $1^1/_2$ min auf Schweißhitze, worauf die Stauchung vorgenommen wird. Etwa 10 min nach der Stauchung kann die Form abgenommen werden. Nach Entfernung der Schlacke und des Stauchwulstes wird die Fahrfläche des Kopfes durch einen Schienenhobel bearbeitet.

Die Thermitschweißung ist das verbreitetste Schienenschweißverfahren.

IV. Die Schmelzschweißverfahren.

A. Die Gasschmelzschweißung

oder Autogenschweißung (selbsterzeugende Schweißung) besteht darin, daß mit Hilfe einer Stichflamme aus einem Brenngas und Sauerstoff die Enden oder Kanten der zu verschweißenden Metallstücke angeschmolzen werden und die Schweißnaht in der Regel mit Hilfe von Zusatzwerkstoff aufgefüllt wird.

Als **Brenngase** finden bei der Gasschmelzschweißung Anwendung: Azetylen, Wasserstoff, Blaugas (Flüssiggas), Leuchtgas (Steinkohlengas) oder ein Gemisch aus Leuchtgas und Azetylen, ferner Methan bzw. ein Methan-Azetylengemisch sowie Benzin- und Benzoldämpfe. Je nach dem angewandten Brenngas spricht man von der Azetylenschweißung, der Wasserstoffschweißung usw. Von all diesen Schweißverfahren hat die Azetylenschweißung die größte Verbreitung erlangt. Die Wasserstoffschweißung, an sich das älteste Gasschweißverfahren, wird heute nur noch für dünne Bleche und Aluminium angewandt. Eine gewisse Bedeutung hat Wasserstoff noch für die Heizflamme beim Brennschneiden (vgl. Abschnitt 11: Brennschneiden). Auch die übrigen Verfahren sind wenig verbreitet, jedoch wird Leuchtgas neuerdings in steigendem Maße in der Brennschneidtechnik benutzt.

1. Die Schweißgase

a) Sauerstoff (O) wird durch Trennung der atmosphärischen Luft in Sauerstoff und Stickstoff (N) hergestellt. Diese besteht aus 21% Sauerstoff und 79% Stickstoff. Die Trennung beider Gase, die bei tiefen Temperaturen erfolgt, ist deshalb möglich, weil die Verdampfungstemperatur des Sauerstoffs ($-183°$) höher als die des Stickstoffs ($-195°$) liegt. Der Stickstoff scheidet sich zuerst gasförmig aus der flüssigen Luft aus. Der Sauerstoff wird auf 150 atü verdichtet und in Stahlflaschen von 40 l Rauminhalt gefüllt. Eine solche Flasche faßt also $150 \cdot 40 = 6000\,l = 6\,m^3$ Sauerstoff bei 1 atü Druck. Der Reinheitsgrad des Sauerstoffs beträgt 99% und mehr.

b) Wasserstoff (H) kann durch Zerlegung angesäuerten Wassers in Wasserstoff und Sauerstoff mit Hilfe des elektrischen Stromes (Elektrolyse) gewonnen werden. Eine andere Herstellungsmöglichkeit ist das Kontaktverfahren, bei dem Wasserdampf über glühendes Eisen geleitet wird. Wasserstoff kommt, ebenfalls auf 150 atü verdichtet, in Flaschen von 40 l Inhalt in den Handel.

c) Azetylen (C_2H_2) wird aus Kalzium-Karbid, kurz „Karbid" genannt, und Wasser erzeugt, wie weiter unten angegeben. Für die Schweißung besitzt es von allen Brenngasen bei Verbrennung mit Sauerstoff den Vorzug der höchsten Flammentemperatur (etwa $3100°$), außerdem hat seine Flamme eine reduzierende Wirkung, die die Bildung schädlicher Oxyde im Schmelzbade verhindert.

Kalzium-Karbid (CaC_2) wird durch Verbindung von gebranntem Kalk (CaO) und Kohle (C) im elektrischen Ofen erzeugt. Die Kohle wird in dem geschmolzenen Kalk gelöst. Die Umwandlung geht nach der chemischen Gleichung vor sich:

$$Ca\,O \quad + \quad 3\,C \quad = \quad Ca\,C_2 \quad + \quad CO$$
$$\text{gebrannter Kalk} + \text{Kohle} = \text{Kalziumkarbid} + \text{Kohlenoxyd}$$

Das erkaltete Karbid hat ein kristallinisches Gefüge und ist blaugrau bis schwarz. Es wird gebrochen und auf verschiedene Körnungen (Korngrößen zwischen 1 und 80 mm) sortiert und in Blechtrommeln von 50 und 100 kg Inhalt in den Handel gebracht. Die Karbidtrommeln dürfen nicht in Kellern oder feuchten Räumen stehen, da Feuchtigkeit zur Gasbildung und zu Explosionen führt. Auch die Öffnung der Trommelverschlüsse mit Flammen, Lötkolben sowie funkenschlagenden Werkzeugen, wie Meißel und Stemmeisen, kann zu Explosionen führen und muß daher unbedingt vermieden werden.

Durch Zusammenbringen von Karbid und Wasser wird Azetylen erzeugt; der Vorgang wird durch die chemische Gleichung dargestellt:

$$Ca\,C_2 + 2\,H_2O \quad = \quad C_2H_2 \quad + \quad Ca\,(OH)_2$$
$$\text{Karbid} + \text{Wasser} = \text{Azetylen} + \text{Kalkschlamm}$$

1 kg Karbid und 0,56 kg Wasser liefern theoretisch 340 l Azetylen und 1,16 kg Kalkschlamm. Bei dem Vergasungsvorgang werden etwa 460 Wärmeeinheiten frei. Die praktische Gasausbeute aus 1 kg Karbid beträgt bei einer Korngröße von 15—80 mm jedoch nur 300 l und bei einer Korngröße von 7—15 mm 265 l. Die freiwerdende Wärme muß durch das Kühlwasser (Entwicklerwasser) abgeführt werden. Um Kühlwasser und Gas nicht zu heiß werden zu lassen (Wasser bis 60°, Gas bis 100° zulässig), rechnet man bei den Entwicklern für 1 kg Karbidfüllung etwa 10 l Wasser.

Als besondere Handelsform mögen noch die als B e a g i d und P a t r o n i d bezeichneten zylindrischen Preßkörper aus Feinstkorn-Karbid und einem Bindemittel genannt werden. Sie vergasen langsamer und sind teurer als Rohkarbid.

2. Azetylenentwickler.

In ihnen wird das Azetylen in der Regel am Verbrauchsort selbst hergestellt. Neben dem Entwicklerazetylen wird auch gelöstes Azetylen in Stahlflaschen, sog. Dissousgas, verwandt, wovon später noch die Rede sein wird. Man teilt die Entwickler ein:

a) nach der Karbidfüllung in

M-Entwickler, d. h. Montageentwickler bis zu 2 kg Karbidfüllung und einer Leistung bis 2000 l/Std.;

J-Entwickler, dies sind freizügige Entwickler bis 10 kg Karbidfüllung und 6000 l Stundenleistung, Aufstellung in Betriebsräumen, nicht aber unter benutzten Räumen, behördliche Anmeldung erforderlich[1];

S-Entwickler, ortsfeste Großentwickler über 10 kg Karbidfüllung, Aufstellung nur in besonderen Entwicklerräumen oder im Freien;

b) nach der Höhe des Gasdruckes in

Niederdruckentwickler bis 300 mm Wassersäule (0,03 atü),

Mitteldruckentwickler von 300—2000 mm Wassersäule (0,2 atü),

Hochdruckentwickler von 2000—15000 mm Wassersäule (1,5 atü);

c) nach ihrer Wirkungsweise in

Einwurfentwickler, Karbid wird in das Entwicklerwasser geworfen,

Zuflußentwickler, Entwicklerwasser fließt auf das Karbid,

Verdrängungsentwickler, Karbid und Entwicklerwasser berühren sich je nach Gasentnahme.

a) Einwurfentwickler. Aus einem höherliegenden Behälter fällt das Karbid in das Wasser und es entwickelt sich Azetylen, das zum Gassammler und weiter zur Verbrauchsstelle strömt. Bei den meisten Apparaten liegt das Karbid während der Vergasung auf einem Rost oder Sieb, durch dessen Öffnungen die Rückstände als Kalkschlamm auf den Boden fallen. Die Zufuhr neuen Karbids erfolgt bei den meisten Entwicklern selbsttätig entsprechend der Gasentnahme. Die Einwurfentwickler haben den Vorteil, daß das Karbid mit einer großen Wassermenge in Berührung kommt, wodurch eine vollständige Vergasung und gute Gasausbeute gewährleistet ist. Außerdem liefern sie gut ausgewaschenes und kühles Gas. Sie erfordern jedoch besondere Einrichtungen, um Explosionen auszuschließen. Azetylen-Luft-Gemische sind, wenn sie zwischen 2,8 und 73% Azetylen enthalten, hochexplosibel.

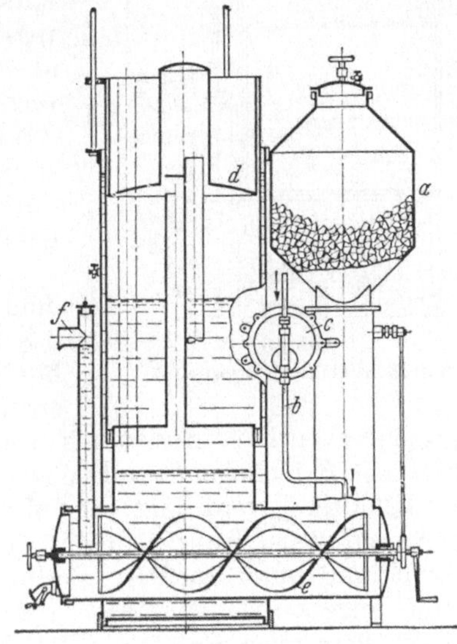

Abb. 17. Einwurfentwickler (Sirius).

Beim Füllen und Entschlammen der Einwurfentwickler kann Luft in diese eindringen und mit dem vorhandenen Azetylen ein hochexplosibles Gemisch bilden, zu dessen Entzündung nur ein Funke genügt, der schon beim Aufschlagen eiserner Entwicklerteile entstehen kann. Das Eindringen von Luft während des Füllens läßt sich durch besondere Einrichtungen, wie z. B. Anordnung eines Vorfüllbehälters über der Einwurföffnung, vermeiden.

---

[1] Die Vorschriften über Genehmigung und Betrieb von Azetylenanlagen enthält die „Deutsche Azetylenverordnung".

Ebenso müssen bei der Entschlammung entsprechende Vorkehrungen getroffen werden, um ein Eindringen von Luft zu verhindern. Eine regelmäßige Entschlammung ist notwendig, da bei mangelhafter Entschlammung das Gas überhitzt wird.

Einen Einwurfentwickler mit selbsttätiger, luftfreier Beschickung und Entschlammung sowie mit selbsttätiger Frischwasserzufuhr zeigt Abb. 17. Die Karbidbeschickung aus dem Behälter a wird durch einen in die Frischwasserleitung b eingeschalteten Wassermotor c in der Weise betätigt, daß derselbe anspringt, wenn die schwimmende Gasglocke d bei entsprechender Gasentnahme einen gewissen Tiefstand erreicht hat. Durch den Wassermotor wird auch das Rührwerk e betätigt, welches das einfallende Karbid verteilt, umrührt und weiterbefördert. Das Schlammwasser läuft durch den Überlauf f ab. Die Bedienung beschränkt sich auf das Nachfüllen von Karbid.

b) Zuflußentwickler. Diese sind so eingerichtet, daß das Entwicklerwasser durch ein Rohr auf das in einzelnen Kammern schubladenförmiger Behälter liegende Karbid fließt und dieses vergast. Die schubladenförmigen Behälter, nach denen man diese Apparate auch als „Schubladenapparate" bezeichnet, werden in Retorten eingeschoben, aus denen das Gas durch ein Steigrohr in den Gassammler übertritt. Der Zufluß des Wassers wird entsprechend der Gasentnahme selbsttätig geregelt. Zuflußentwickler sind gefahrlos, haben aber den Nachteil, daß das erzeugte Gas noch nicht genügend rein und kühl ist. Zur Kühlung des Gases läßt man die Gasretorte von Wasser umspülen und sieht entsprechend große Wäscher vor, durch die Gas nicht nur gereinigt, sondern auch gekühlt wird.

Abb. 18 zeigt einen Hochdruckentwickler nach dem Zuflußsystem. Aus dem Hauptbehälter a fließt das Wasser durch die Leitung b in die bis zu halber Höhe mit Karbid gefüllte Schublade c. Das entwickelte Gas steigt durch das Rohr d über das

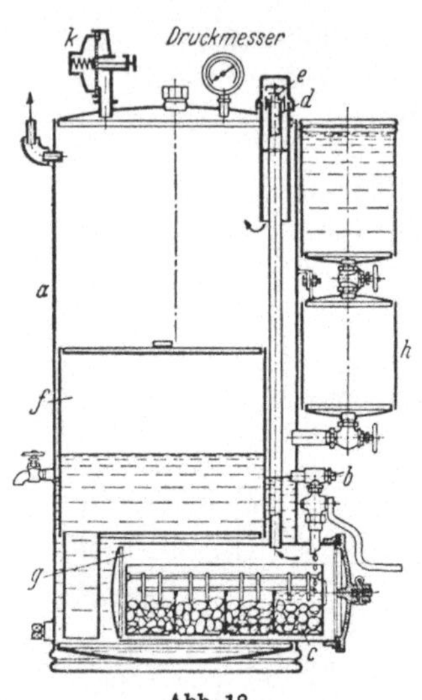

Abb. 18.
Zuflußentwickler (Griesheim).

Rückschlagventil e in den als Gassammler dienenden oberen Teil des Hauptbehälters. Bei steigendem Druck im Hauptbehälter a wird das Wasser in den Innenbehälter f verdrängt, der Wasserspiegel im Hauptbehälter sinkt bis unter den Anschluß der Rohrleitung b. Hierdurch wird die Wasserzufuhr und damit die Entwicklung unterbrochen. Dadurch, daß die Retorte g ganz von Entwicklerwasser umgeben ist, wird das entwickelte Gas gekühlt. Kleinere Apparate haben eine, größere zwei Retorten. Bei letzteren ist eine ununterbrochene Vergasung möglich. Das Nachfüllen von Entwicklerwasser erfolgt durch die Wasserschleuse h, wodurch ein Eintritt von Luft in den Entwickler unterbunden wird. Überschreitet der Druck im Entwickler 1,45 atü, so öffnet sich das Sicherheitsventil k.

c) Verdrängungsentwickler. Bei diesen Apparaten tritt das Wasser von unten an das in einem Korb liegende Karbid heran. Durch das entstehende Gas wird das Wasser in einen Nebenbehälter abgedrängt bzw. bei beweglicher Gasglocke diese mit dem Karbidkorb entsprechend gehoben (Tauchverfahren), so daß sich Karbid und Wasser nicht mehr berühren und die Entwicklung unterbrochen wird. Bei steigender Gasentnahme steigt der Wasserspiegel bzw. sinkt die Glocke, so daß sich Karbid und Wasser wieder berühren und die Entwicklung von neuem eingeleitet wird. Bei den Verdrängungsentwicklern wird ebenfalls nicht ein so reines und kühles Gas erzeugt wie bei den Einwurfentwicklern, außerdem besteht, da ein großer Teil des Karbids durch das Wasser angefeuchtet ist, die Gefahr der Nachvergasung. Falls der Entwickler das nacherzeugte Gas nicht mehr aufnehmen kann, muß man dieses ins Freie entweichen lassen. Nach dem Verdrängungsverfahren sind sehr viele, insbesondere bewegliche Apparate gebaut. Auch die Beagidapparate arbeiten nach ihm. Ein Hochdruckentwickler nach dem Verdrängungsverfahren ist in Abb. 19 dargestellt. Der Karbidkorb *a* ist an dem Deckel *b* aufgehängt. Das Entwicklerwasser tritt mit dem Grobkarbid von 50/80 mm Körnung in Berührung. Bei steigendem Gasdruck wird das Wasser aus dem mittleren Teil des Entwicklers in den Ringraum *c* soweit abgedrängt, daß es das Karbid nicht mehr berührt. Der anfallende Kalkschlamm sammelt sich auf dem Entwicklerboden und kann durch den Hahn *d* abgelassen werden.

d) Neuere Entwickler. Zu diesen gehört der Trockenentwickler „Schlammlos", bei dem als Rückstand nicht Kalkschlamm, sondern trockenes, vollkommen ausgegastes Kalkpulver anfällt, das als Bau- oder Düngekalk benutzt werden kann. Die bei den übrigen Entwicklern erforderlichen Schlammgruben fallen fort. Zur Zeit wird dieser Entwickler nur als Großentwickler gebaut.

Für die Größe des Entwicklers ist die Schweißarbeit im Betriebe maßgebend. Wird längere Zeit mit mehreren Schweiß- und Schneidbrennern gearbeitet, dann ist ein ortsfester Großentwickler mehreren freizügigen Entwicklern technisch und wirtschaftlich vorzuziehen. — Für Lötarbeiten werden auch kleine, tragbare Entwickler von 0,2 kg Karbidfüllung an gebaut. Demnächst wird eine Normung im Entwicklerbau kommen.

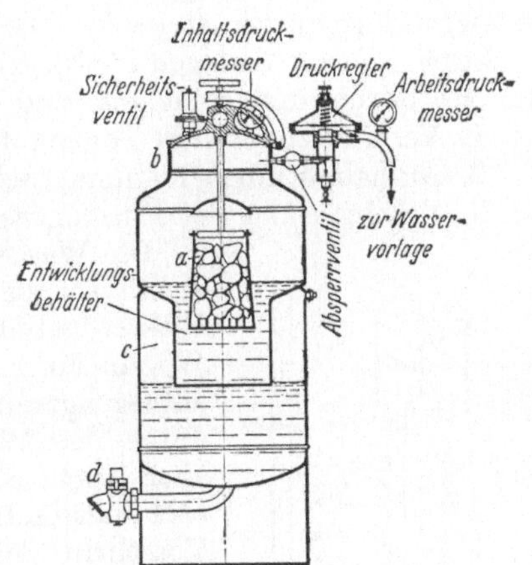

Abb. 19. Verdrängungsentwickler (Messer & Co.).

Die Frage des Gasdruckes ist heute zugunsten des Hochdruckentwicklers entschieden. An sich hat zwar der Gasdruck keinen Einfluß auf die Wirksamkeit der Schweißflamme, jedoch besteht bei den Niederdruckentwicklern die Gefahr, daß infolge der drosselnden Wirkung der Wasservorlagen und Schläuche am Brenner nicht mehr der erforderliche Druck von 50—100 mm Wassersäule vorhanden ist und u. U. durch die Injektorwirkung des Brenners ein Unterdruck in der Leitung entsteht. Dieser Nachteil fällt beim Hochdruckentwickler fort. Durch einen Druckregler wird der Druck konstant gehalten. Die Höhe des einstellbaren Arbeitsdruckes richtet sich nach der Art des Schweißbrenners.

e) Nebenapparate. Zu den Nebenapparaten gehören der Wäscher und der Reiniger, bei Hochdruckapparaten außerdem das Sicherheitsventil, der Druckregler sowie Hoch- und Arbeitsdruckmesser (Hochdruck- und Arbeitsmanometer).

Der Wäscher ist bei ortsfesten Anlagen zwischen Entwickler und Gasbehälter angeordnet. Er soll das Azetylen von den aus der Karbidherstellung herrührenden Verunreinigungen, wie Schwefelwasserstoff und Ammoniak, durch eine Wasserwäsche befreien und es außerdem kühlen. Bei Einwurfentwicklern mit genügend Entwicklerwasser übernimmt letzteres die Aufgabe des Wäschers.

Der Reiniger, ein z. T. mit chemischer Reinigungsmasse gefüllter Behälter, soll den im Gas enthaltenen Phosphorwasserstoff binden. Die Reinigungsmassen müssen vom Deutschen Azetylenverein anerkannt sein. Als solche haben sich bewährt: Katalysol, Frankolin, Puratylen und Heratol. Nach neueren Versuchen sind im handelsüblichen Karbid nur so geringe Mengen Phosphorwasserstoff enthalten, daß auf die chemische Reinigung verzichtet werden kann. Es genügt dann, den Reiniger zwecks mechanischer Gasreinigung mit Koks, Kies oder zerkleinerten Ziegelsteinen zu füllen, falls die mechanische Reinigung nicht schon im Wäscher erfolgt ist.

f) Wasservorlagen. Beim Schweißen mit Entwicklergas muß nach den amtlichen Vorschriften jedem Schweißbrenner eine Wasservorlage vorgeschaltet sein. Außerdem müssen Entwickler von mehr als 10 kg Karbidfüllung mit einer Hauptwasservorlage ausgerüstet sein. Die Aufgaben der Wasservorlagen, bei denen man zwischen offenen Vorlagen für Nieder- und Mitteldruck und geschlossenen Vorlagen für Hochdruck unterscheidet, sind

1. Verhinderung eines Sauerstoffrücktrittes vom Brenner in den Entwickler;
2. Aufhalten eines Flammenrückschlages vom Brenner;
3. Verhinderung des Einsaugens von Luft in den Entwickler bei Gasmangel.

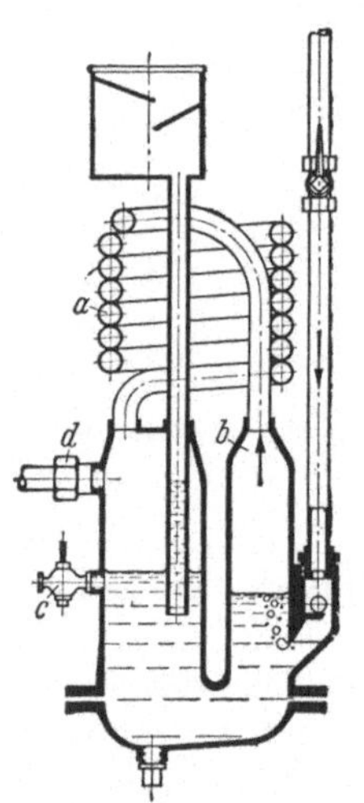

Abb. 20. Wasservorlage
(Griesheim).

Die Wasservorlage, von der es eine Reihe verschiedener Ausführungen gibt, ist ein Behälter, der teilweise mit Wasser gefüllt ist. Durch dieses nimmt das Gas seinen Weg in Form von Perlen. Beim Auftreten eines Druckes in entgegengesetzter Richtung wird das Gaszuleitungsrohr durch das Wasser verschlossen. Die Wasservorlage muß aber auch eine unbedingte Sicherheit gegen Flammenrückschläge bieten. Um diese zu erreichen, dürfen laut Vorschrift der Deutschen Azetylenverordnung nach dem 31. Dezember 1937 Wasservorlagen älterer Bauart, die nur Sicherheit gegen Sauerstoffrücktritt bieten, nicht mehr verwandt werden. Die neuen Niederdruckwasservorlagen tragen Zulassungsnummern über 500, die neuen Hochdruck-Wasservorlagen solche über 1000. Hieran kann festgestellt werden, ob die Vorlage den neuen behördlichen Bedingungen entspricht.

Eine rückschlagsichere Wasservorlage zeigt Abb. 20. Dieselbe ist mit einer spiralförmigen Verzögerungsleitung a versehen. Diese bewirkt, daß bei einem Flammenrückschlag das in das Sperrwasser eintauchende Azetylenzuleitungsrohr durch Wasser verschlossen wird, ehe die Flamme über die Verzögerungsleitung den Behälter b erreicht hat. Das Sperrwasser muß bis zur Höhe des Prüfhahnes c stehen. Der Brennerschlauch wird an d angeschlossen.

Die Wasservorlage gehört mit zu den wichtigsten Ausrüstungsteilen einer Azetylenanlage. Ihr einwandfreies Arbeiten hängt aber wesentlich von dem richtigen Stande des Sperrwassers ab. Dieser soll täglich vor Arbeitsbeginn, bei ganztägigem Betrieb sogar mehrmals während der Arbeit geprüft werden, außerdem ist die Vorlage öfters zu reinigen.

Regeln für die Behandlung der Entwickler: 1. Bedienungsvorschriften genau beachten (Karbidmenge, Karbidkörnung usw.). 2. Kein Feuer und offenes Licht in der Nähe. 3. Eingefrorene Entwickler mit heißem Wasser oder Dampf, niemals mit Lötlampe oder glühendem Eisen auftauen, ebenso Hämmern und Stoßen mit Eisengegenständen unterlassen (Funkenbildungsgefahr). 4. Bei Inbetriebnahme Gasluftgemisch ablassen und Wasservorlage prüfen, bei Außerbetriebsetzung sämtliche Hähne schließen. 5. Entwickler nicht mit Karbidfüllung befördern. 6. Kalkschlamm nicht in öffentliche Kanäle leiten (Gefahr der Nachvergasung und evtl. Explosion).

3. Gelöstes Azetylen (Dissousgas).

Für besondere Fälle, wo Entwickler nicht aufgestellt werden können, z. B. bei bestimmten Montagearbeiten, oder wenn es auf besonders reines Azetylen ankommt und die Preisfrage gegenüber jederzeitiger Betriebsbereitschaft keine Rolle spielt, verwendet man gelöstes Azetylen in Stahlflaschen, sog. Flaschen- oder Dissousgas.

Da komprimiertes Azetylen ohne besondere Vorkehrungen explosibel ist, preßt man es mit 15 atü in Flaschen, die eine poröse, mit Azeton getränkte Masse enthalten. Das flüssige Azeton löst das Azetylen, und zwar 1 Liter Azeton etwa 23—25 Liter Azetylen bei Atmosphärendruck. Der Rauminhalt der Flasche von 40 Liter wird zu etwa 25% von der porösen Masse, und zu 40% von Azeton ausgefüllt, welches sich durch die Aufnahme des Azetylens auf 67% des Flaschen raumes ausdehnt. Die restlichen 8% stellen einen Sicherheitsraum dar. Aus einer Flasche mit $0,4 \cdot 40 \cdot 25 \cdot 15 = 6000$ Liter Azetyleninhalt sollen stündlich nicht mehr als 1000 Liter entnommen werden, da sonst Azeton mitgerissen wird. Dissousgas erfordert im Gegensatz zum Entwicklergas keine Wasservorlage. Der Azetylenpreis ist um 40—100% höher als bei Entwicklern.

4. Gasflaschen und Ventile.

Die Stahlflaschen für Sauerstoff, Wasserstoff und Azetylen haben durchweg ein Fassungsvermögen für 40 Liter Wasser, 200 mm Durchmesser und 1750 mm Höhe. Azetylenflaschen sind außerdem mit der porösen Masse ausgefüllt. Am Flaschenkopf müssen folgende Angaben eingeschlagen sein: Name und Nummer des Eigentümers, Gasart, Leer- und Füllungsgewicht, Rauminhalt, Prüfungs und Füllungsdruck, ferner letztes Prüfungsdatum und Abnahmestempel. Der Prüfungsdruck ist für Sauerstoff- und Wasserstoffflaschen der $1^1/_2$fache Betriebsdruck (225 atü), für Azetylenflaschen der 4fache Betriebsdruck (60 atü). Kennzeichnende Farbanstriche sind: blau für Sauerstoff, rot für Wasserstoff und gelb für Azetylen. Der Flaschenfuß ist zum Schutz gegen Rollen beim Transport vierkantig ausgebildet.

Das Flaschenventil bleibt immer an der Flasche befestigt und ist während des Transportes durch eine Aufschraubkappe geschützt. Der Ventilkegel besteht aus Hartgummi, die Öffnung erfolgt durch Drehung eines Handrades. Bei geöffnetem Flaschenventil tritt das Gas in das seitlich angeschlossene Druckminderventil. Dieses wird bei Sauerstoff und Wasserstoff mittels Überwurfmutter (Sauerstoff = Rechtsgewinde, Wasserstoff = Linksgewinde), bei Azetylen mittels Anschlußbügels am Flaschenventil befestigt.

Das Druckminderventil soll den hohen Flaschendruck auf den erheblich niedrigeren Arbeitsdruck verringern. Da mit ihm auch der Arbeitsdruck geregelt wird, wird es vielfach als Druckregler bezeichnet. Nach der Bauart unterscheidet man zwischen Hebelventilen und hebellosen Ventilen. Die erstgenannte ältere Bauart ist in Abb. 21 schematisch dargestellt. Durch die am Hebel a wirkende Schließfeder b wird der Ventilkegel c geschlossen gehalten. Wenn durch Drehen der Einstellschraube d die Stellfeder e gespannt wird, so überwindet diese die Kraft der Schließfeder, der Ventilkegel hebt sich vom Sitz ab und das Gas kann so lange aus der Flasche ausströmen, bis der Druck auf die Membran f die Stell-

federkraft erreicht und sich durch die Schließfeder das Ventil schließt. Sinkt der
Druck im Gehäuse, so tritt die Stellfeder von neuem in Tätigkeit und öffnet das
Ventil. Die Höhe des Arbeitsdruckes (Niederdruck) hängt von der Spannung der
Stellfeder ab. Flaschen- und Arbeitsdruck werden durch je einen Druckmesser (Hoch-
oder Inhaltsdruckmesser und Niederdruck- oder Arbeitsdruckmesser) angezeigt.

Bei dem in Abb. 22 wiedergegebenen, heute vielfach angewandten hebellosen
Druckminderventil muß die Stellfeder *a* die Kraft der Schließfeder *b* und den
Flaschendruck überwinden, damit das Gas in das Gehäuse eintreten kann. Ist
in diesem der Gasdruck soweit angestiegen, daß der Membrandruck zuzüglich
Schließfederkraft und Flaschendruck auf den Ventilkegel größer als die Stellfederkraft wird, so schließt sich das Ventil. Bei Nachlassen des Gehäusedruckes über-
wiegt die Stellfederkraft und das Ventil öffnet
sich von neuem. Mit wachsender Gasentnahme
kann die Stellfeder etwas zurückgedreht werden, da auch der Fla-
schendruck auf den Ven-
tilkegel geringer wird.

Zweistufige hebel-
lose Druckminderven-
tile gewährleisten einen
gleichmäßigen Arbeits-
druck bei sinkendem
Flaschendruck.

Die Druckminder-
ventile für Sauerstoff
sind in der Regel mit
einem Ausbrennschutz

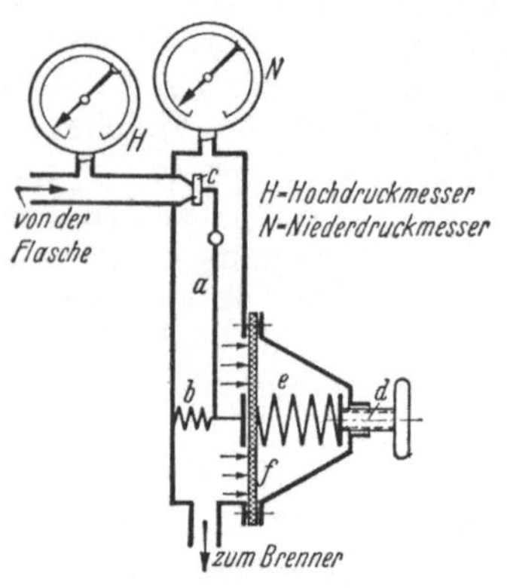

Abb. 21.
Hebeldruckminderventil.

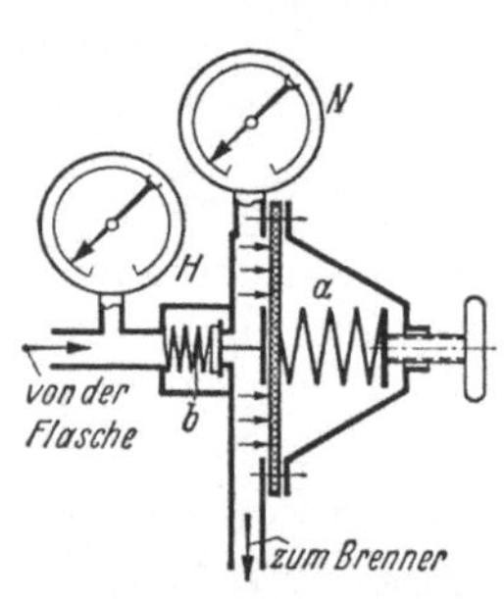

Abb. 22.
Hebelloses Druckminderventil.

versehen, der die beim zu schnellen Öffnen des Flaschenventils entstehende hohe
Kompressionswärme ableiten soll. — Der Anschluß des Arbeitsschlauches zum
Schweißbrenner erfolgt durch eine Schlauchtülle. Zwischen ihr und dem Ventil-
gehäuse ist noch ein Schlauchventil und mitunter eine Schutzpatrone gegen Rück-
schlag der Schweißflamme angeordnet.

Regeln für Behandlung der Flaschen und Ventile: 1. Flaschen nie werfen
und durch Befestigung vor Fall schützen. Nicht mit Magnetkränen transportieren.
2. Gefüllte Flaschen vor Sonnenstrahlen bzw. unmittelbarer Ofenhitze (Druck-
steigerungsgefahr) und starkem Frost schützen. 3. Sauerstoff-Flaschen, Azetylen-
und Wasserstoff-Flaschen in getrennten Räumen aufbewahren. 4. Flaschenventil
n u r mit der Hand und n i e mit Werkzeugen langsam öffnen und schließen.
5. Öl- und fetthaltige Stoffe von den Ventilen fernhalten (Explosionsgefahr).
6. Beim Anschluß neuer Flaschen n i e vor dem Ventilauslaß, sondern immer
s e i t l i c h Aufstellung nehmen. 7. Vor dem Anschluß des Druckminderventils
das Flaschenventil durch vorsichtiges Öffnen kurze Zeit ausblasen, um etwaigen
Schmutz zu entfernen. 8. Aus einer Sauerstoff-Flasche n i e mehr als 200 Liter
Sauerstoff in der Minute entnehmen (Einfriergefahr für die Ventile), bei grö-
ßerem Bedarf mehrere Flaschen parallel schalten. 9. Aus einer Azetylenflasche
nicht mehr als 1000 Liter Azetylen in der Stunde entnehmen, sonst wird leicht
Azeton mitgerissen. 10. Druckreglerschraube bei Außerbetriebsetzung zurück-
drehen. 11. Bei etwaigem Ventilbrand sofort Flaschenventil schließen.
12. Flaschen mit undichten Ventilen nicht benutzen, aus dem Arbeitsraum entfernen. 13. Bei Rücksendung der Flaschen Verschlußmutter und Kappe auf-
schrauben.

5. Schweißzubehör.

Für Azetylenleitungen darf kein Kupfer verwendet werden, für Sauerstoffleitungen ist Stahl- oder Kupferrohr zulässig. Die Gasschläuche sollen eine Mindestwandstärke von 2,5 mm haben. Ihr lichter Durchmesser beträgt für Sauerstoff (Kennfarbe blau) 6 mm, für Brenngase (Kennfarbe rot) 9 mm, seltener 11 mm. — Zum Schutz der Augen gegen Licht- und Wärmestrahlen sowie Funken und Metallspritzer trägt der Schweißer eine Brille mit dunkelgefärbten, u. U. hochklappbaren Gläsern, die auch mit einem Seitenschutz versehen sein kann. — Zur Reinigung der Brennerspitzen können Messingnadeln oder angespitzte Holzstäbchen benutzt werden. Bei den Lieferwerken sind auch Düsennadeln und Düsenbohrer erhältlich.

6. Schweißbrenner.

In ihm gelangen Brenngas und Sauerstoff in dem erforderlichen Verhältnis zur innigen Mischung und werden an der Brennerspitze in einer Stichflamme verbrannt. Um Flammenrückschläge zu vermeiden, muß die Austrittsgeschwindigkeit des Gasgemisches höher als seine Zündgeschwindigkeit sein. Zur Herabminderung der Zündgeschwindigkeit und zur Erzielung einer reduzierenden Flamme wird mit Brenngasüberschuß gearbeitet. Die Güte und Zuverlässigkeit des Brenners wirkt sich in hohem Maße auf die Schweißnaht aus.

Jeder Schweißbrenner besteht aus dem Griffrohr mit den Gasanschlüssen und Ventilen, dem Mischrohr und der Brennerspitze. Nach ihrer Wirkungsweise teilt man die Brenner ein in

1. Injektorbrenner;
2. Mischdüsenbrenner oder Druckbrenner.

Die Ausführung eines Injektorbrenners zeigt Abb. 23. Der unter höherem Druck stehende Sauerstoff tritt bei a ein, durchströmt mit hoher Geschwindigkeit die Injektordüse b und übt hier auf das von c aus durch feine Kanäle (zum Schutz gegen Flammenrückschlag) in den Ringraum d eintretende, unter geringerem Druck stehende Azetylen eine Saugwirkung aus. Im Mischrohr e, das sich konisch erweitert, wird die Gasgeschwindigkeit verlangsamt, der Druck steigt an und setzt sich beim Austritt aus der düsenartigen Brennerspitze f wieder in Geschwindigkeit um.

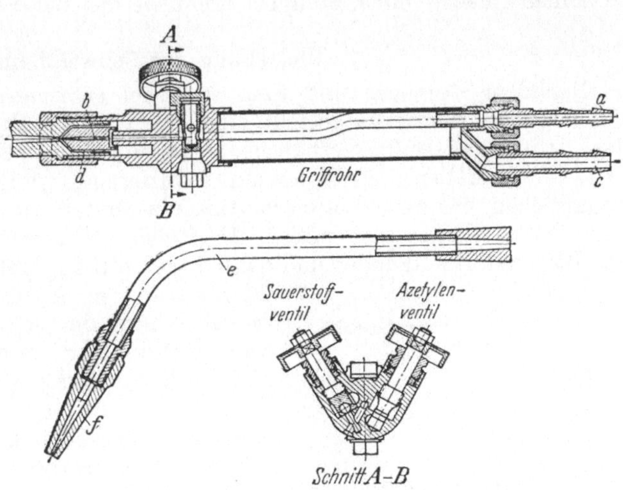

Abb. 23. Injektorbrenner (Messer & Co.).

Während beim Injektorbrenner das Brenngas unter geringerem Druck als der Sauerstoff steht, werden dem Mischdüsenbrenner beide Gase unter annähernd gleichem Druck zugeführt. Diese treten durch die Schlauchtüllen in das Griffrohr und über die Mischdüse in das Mischrohr. Der Injektor fällt hier fort; die Vorgänge im Mischrohr und beim Austritt aus der Brennerspitze sind dieselben wie beim Injektorbrenner. Der Mischdüsenbrenner findet bei der Wasserstoffschweißung Anwendung.

In der Regel werden die Brenner mit 8 auswechselbaren Einsätzen für verschiedene Blechdicken (für Azetylen von 0,5—30 mm Stahlblechdicke) geliefert. Man spricht dann von Wechselbrennern. Während beim Mischdüsenbrenner die Auswechselung der Brennerspitze genügt, müssen beim Injektorbrenner auch Mischrohr einschließlich Injektor ausgewechselt werden.

Neuerdings werden auch für die Wasserstoffschweißung Einsätze für Injektorbrenner hergestellt, aber mit größeren Bohrungen als für Azetylen, und zwar für Stahlblechdicken bis nur etwa 9 mm, da Wasserstoff ein anderes Mischungsverhältnis zum Sauerstoff hat und die Temperatur der Wasserstoff-Sauerstoff-Flamme geringer als die der Azetylen-Sauerstoff-Flamme ist.

Für die Regelung von Brenngas und Sauerstoff ist je ein besonderes Ventil angeordnet. Die Handrädchen dieser Ventile sollen so liegen, daß sie bequem bedient werden können und den Schweißer bei seiner Arbeit nicht hindern. Bei dem sog. Einhandbrenner ist ihre gegenseitige Lage derart, daß beide durch die das Griffrohr umfassende Hand bedient werden können.

Zum Schweißen von Längs- und Rundnähten an Kesseln und Behältern mittlerer und größerer Wandstärke benutzt man heute auch Zweiflammenbrenner, mit denen man höhere Schweißgeschwindigkeiten erzielen kann. Die erste Flamme wärmt die offene Nahtfuge vor, mit der zweiten (nacheilenden) Flamme wird geschweißt. Der Zweiflammenbrenner findet nur bei der auf S. 23 beschriebenen Nachrechtsschweißung Anwendung. Brenner mit mehr als zwei Flammen (Mehrflammenbrenner) kommen nur bei Schweißmaschinen vor.

7. Einstellung der Schweißflamme.

Nachdem Brenngas und Sauerstoff bei geöffneten Brennerventilen an den Druckreglern richtig eingestellt sind, wird durch Regelung der Brennerventile das richtige Mischungsverhältnis zwischen beiden Gasen hergestellt. Bei der Wasserstoffflamme soll, um eine reduzierende (sauerstoffentziehende) Wirkung zu erreichen, das Mischungsverhältnis Wasserstoff zu Sauerstoff etwa $4:1$ bis $5:1$ sein. Man arbeitet also mit $1—1^1/_2$fachem Wasserstoffüberschuß. Zuerst wird der Wasserstoff entzündet und dann Sauerstoff zugegeben. Die richtig eingestellte Flamme soll einen blau bis hellviolett gefärbten Kegel zeigen, der schwer zu erkennen ist. Nur wenige Millimeter vor der Flammenspitze liegt die für die Schweißung wirksame Stelle; ein dunkler Punkt in der Flamme zeigt an, daß diese dem Werkstück zu nahe gekommen ist. Die höchste Flammentemperatur ist etwa 2100°. Beim Absperren wird zuerst der Sauerstoffhahn und dann der Wasserstoffhahn geschlossen.

Anders ist die Einstellung der Azetylenflamme. Bei dem richtigen Mengenverhältnis zwischen Sauerstoff und Azetylen, $1:1$ bis $1,2:1$ zeigt die Flamme den in Abb. 24a angegebenen, scharfumrissenen, leuchtenden Flammenkern. Wird der Azetylenhahn weiter geöffnet, dann verliert der Flammenkern seine scharfe Umgrenzung und zeigt das in Abb. 24b dargestellte Bild. Diese Flamme arbeitet mit Azetylenüberschuß, es wird Kohlenstoff frei, der in das flüssige Metall übergeht und dieses hart und spröde macht. Wird dagegen der Azetylenhahn übermäßig gedrosselt, dann tritt Sauerstoffüberschuß ein, der zu Verbrennungen des flüssigen Metalles führt. Das entsprechende Flammenbild stellt Abb. 24c dar.

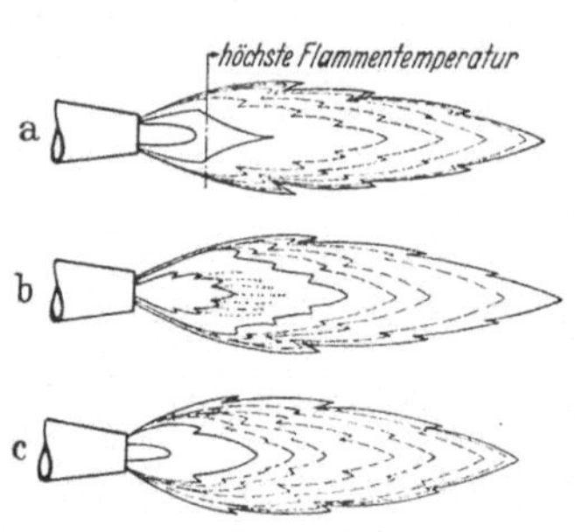

Abb. 24.
Einstellung der Azetylen-Schweißflamme.

Die richtig eingestellte Flamme (Abb. 24a) wird auch als **neutrale** Flamme bezeichnet, da sie keine Veränderungen im schmelzflüssigen Metall hervorruft. Ihre höchste Temperatur beträgt etwa 3100°, diese liegt 1—2 mm vor dem leuchtenden Flammenkern.

Die Verbrennung des Azetylens erfolgt in zwei Stufen. In der ersten, sog. reduzierenden Stufe, wird der Kohlenstoff des Azetylens nur unvollkommen verbrannt. Der chemische Vorgang wird durch die Gleichung

$$2\,C_2H_2 \;+\; 2\,O_2 \;=\; 4\,CO \;+\; 2\,H_2$$
$$\text{Azetylen} \;+\; \text{Sauerstoff} \;=\; \text{Kohlenoxyd} \;+\; \text{Wasserstoff}$$

ausgedrückt. Zur weiteren Verbrennung nimmt die Flamme Sauerstoff aus der Luft auf; das Kohlenoxyd wird zu Kohlensäure und der Wasserstoff zu Wasser (Wasserdampf) verbrannt. Die chemische Formel für die zweite Stufe lautet:

$$4\,CO \;+\; 2\,H_2 \;+\; 3\,O_2 \;=\; 4\,CO_2 \;+\; 2\,H_2O$$
$$\text{Kohlenoxyd} \;+\; \text{Wasserstoff} \;+\; \text{Sauerstoff} \;=\; \text{Kohlensäure} \;+\; \text{Wasser}$$

Für das Schweißen ist nur die erste Stufe geeignet; die sauerstoffarme Flamme reißt den Luftsauerstoff an sich und verhindert so, daß letzterer mit dem schmelzflüssigen Metall Verbindungen eingeht. Dieser Umstand trägt sehr zur Erreichung eines guten Schweißgefüges bei.

8. Schweißverfahren.

Man unterscheidet zwei Schweißverfahren: Die Nachlinksschweißung und die Nachrechtsschweißung. Bei der älteren **Nachlinksschweißung** (Draht **v o r** der Flamme), deren Schema in Abb. 25 dargestellt ist,

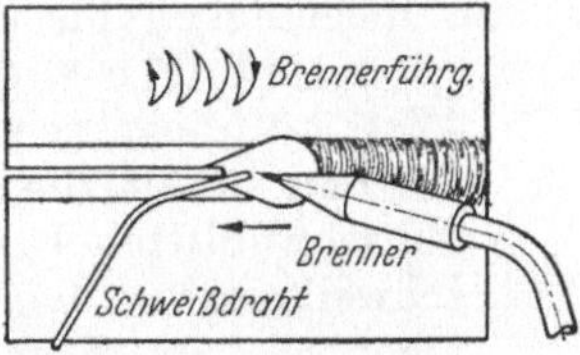

Abb. 25. Schema der Nachlinksschweißung.

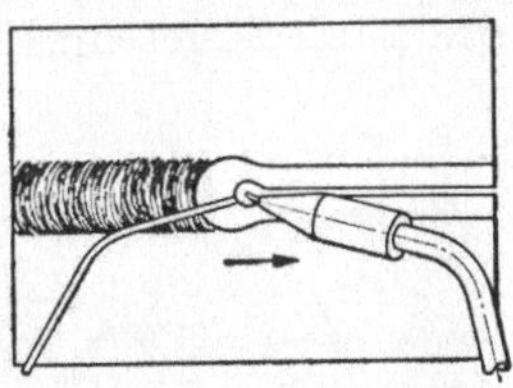

Abb. 26. Schema der Nachrechtsschweißung.

wird der Brenner, vom Standort des Schweißers gesehen, in pendelnder Bewegung in Richtung der Schweißfuge von rechts nach links geführt. Wenn die abgeschrägten Blechkanten genügend flüssig sind, wird der Schweißdraht in die Fuge eingeschmolzen.

Bei der neueren, in Abb. 26 wiedergegebenen **Nachrechtsschweißung** (Draht **h i n t e r** der Flamme) wird im Gegensatz zur Nachlinksschweißung der Brenner geradlinig von links nach rechts geführt. Der zwischen Flamme und Schmelzbad gehaltene Schweißdraht wird unter halbkreisförmigen Rührbewegungen eingeschmolzen.

Es ist ein großer Nachteil der Nachlinksschweißung, daß ein Teil der Flammenwärme ungehindert seitlich in das Werkstück abwandern kann und so nicht nur für die Schmelzarbeit verloren geht, sondern im Werkstück auch zu große Wärmespannungen und Verwerfungen hervorruft. Damit die Flamme auch den Scheitel der Schweißfuge gut aufschmilzt, muß diese ziemlich breit gehalten werden. Bei der Nachrechtsschweißung staut sich die Wärme der steil gehaltenen Flamme zwischen den Werkstückkanten und dem Schmelzbad; sie wird wesentlich besser ausgenutzt als bei der Nachlinksschweißung. Hierdurch erreicht man eine um etwa 30% höhere Schweißgeschwindigkeit, die nicht nur eine Ersparnis an Zeit, sondern auch an Schweißgasen bedeutet. Ebenfalls werden die Wärmespannungen geringer, da weniger Wärme seitlich abwandert. Durch die im Schmelzbade mit dem Schweißdraht vorgenommenen Rührbewegungen werden Schlacken und Verunreinigungen aus diesem ausgetrieben. Die auf das Schmelzbad gehaltene Flamme schützt dieses vor dem Sauerstoff und Stickstoff der Luft und vergütet außerdem auch das Gefüge der bereits geschweißten Naht. Die schmalere Fuge mit einem Einschweißwinkel von 50—60° gegenüber 70—80° bei der Nachlinksschweißung erfordert auch weniger Schweißdraht.

Für Bleche unter 3 mm eignet sich die Nachrechtsschweißung weniger, da die intensive Einwirkung der Flamme leicht zu einem Durchbrennen des Bleches führen kann. Auch ist die Nahtoberfläche bei der Nachrechtsschweißung rauher als bei der Nachlinksschweißung.

Zusammenfassend kann gesagt werden, daß bei Stahl und zum Teil auch bei Nichteisenmetallen (Kupfer, Messing) bei Werkstoffdicken über 3—4 mm die Nachrechtsschweißung der Nachlinksschweißung technisch und wirtschaftlich überlegen ist, falls nicht (bei weniger stark beanspruchten Nähten) aus bestimmten Gründen glatte Oberflächen verlangt werden. Für Bleche unter 3 mm Dicke, Gußeisen und Leichtmetalle ist die Nachlinksschweißung vorzuziehen.

9. Vorbereitung der Werkstücke zum Schweißen.

Bei dünnen Blechen bis zu 1 mm Dicke wendet man die in Abb. 27a dargestellte Bördelnaht an. Die senkrechten Blechkanten werden ohne Zusatz von Schweißdraht niedergeschmolzen. Für Blechdicken bis 4 mm kommt die Stumpfnaht nach Abb. 27b zur Anwendung. Von 5—15 mm Werkstoffdicke schrägt man die Kanten einseitig ab und erhält die sog. V-Naht (Abb. 27c). Der Einschweißwinkel α beträgt bei der Nachlinksschweißung 70°, bei der Nachrechtsschweißung 50°. Über 15 mm dicke Bleche werden durch die in Abb. 27d angegebene X-Naht mit beiderseitig abgeschrägten Blechkanten verbunden. Der Einschweißwinkel α ist hier etwas größer als bei der V-Naht, und zwar 80° bei der Nachlinksschweißung und 60° bei der Nachrechtsschweißung.

Bei verschiedenen Blechdicken wird das dickere Blech nach Abb. 27e angeschärft. Hierdurch erreicht man einen gleichmäßigen Kraftübergang. Ist der Dickenunterschied nicht erheblich und die Naht nur gering beansprucht, so kann diese nach Abb. 27f ausgebildet werden. In beiden Fällen ist beim Schweißen darauf zu achten, daß die Schweißflamme mehr auf das dickere Blech gerichtet ist, damit nicht das dünnere Blech schon abschmilzt, ehe das dickere genügend erhitzt ist.

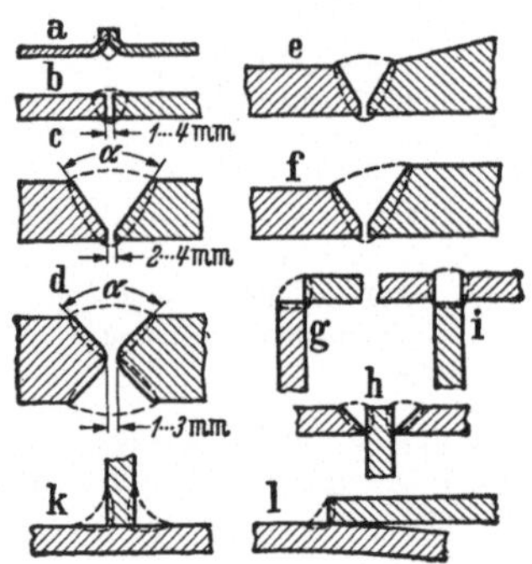

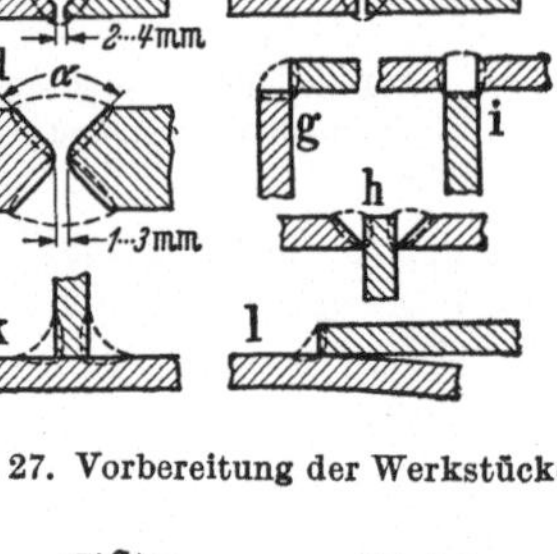

Abb. 27. Vorbereitung der Werkstücke.

Abb. 28. Erweiterung der Schweißfuge.

Eine Ecknaht stellt Abb. 27g dar. Die Ausbildung eines T-Stoßes (Dreiblechnaht) kann nach Abb. 27h und i erfolgen. Ausgesprochene Kehlnähte nach Abb. 27k eignen sich weniger und Überlappungskehlnähte nach Abb. 27l gar nicht für die Gasschmelzschweißung, da sich die Bleche durch die starke Wärmeeinwirkung zu stark verziehen. — Auf die Anwendung der Gasschmelzschweißung in den einzelnen Fertigungsgebieten wird später noch näher eingegangen. Hier sei nur noch auf das Schweißen von Längsnähten verwiesen. Um ein Übereinanderschieben der Bleche infolge der Querschrumpfung der Schweißnaht zu verhindern, erweitert man, besonders bei dünneren Blechen die Schweißfuge nach Abb. 28 keilförmig. Das Keilmaß a beträgt bei der Linksschweißung etwa 5%, bei der Rechtsschweißung etwa 2%. Man kann aber auch die Bleche an mehreren Punkten heften.

10. Schweißdraht.

Dieser soll dieselben chemischen und physikalischen Eigenschaften haben wie der zu verschweißende Werkstoff. Er wird in Stäben von 500—1000 mm Länge und einem Durchmesser von 1—8 mm für Stahl und 4—15 mm für Gußeisen geliefert. Zum Schutz gegen Anrosten erhalten die Stäbe einen leichten Kupferüberzug. Schweißdraht für Stahlschweißung hat einen niedrigen Kohlenstoff- und Siliziumgehalt, bei den Gußeisenschweißstäben ist der Anteil an diesen Legierungsbestandteilen erheblich höher. Drähte für Auftragsschweißungen haben einen höheren Kohlenstoffgehalt als für Verbindungsschweißungen. Bei Stahlverbindungsschweißungen wählt man den Drahtdurchmesser $=$ rd. $^1/_2$ Blechdicke.

11. Das Brennschneiden.

Dieses in der neuzeitlichen Metallbearbeitung so wichtige Trennverfahren beruht darauf, daß ein Metallstück an der Trennstelle auf seine Entzündungstemperatur erhitzt und dann durch einen Sauerstoffstrahl verbrannt wird. Der Sauerstoffstrahl muß auch die verbrannten Metallteile fortschleudern. Die Schneidbarkeit eines Metalles hängt im wesentlichen davon ab, daß

1. das Metall im Sauerstoffstrahl verbrennt;
2. die Entzündungstemperatur niedriger als die Schmelztemperatur ist;
3. der Schmelzpunkt des Metalloxydes unter dem Schmelzpunkt des Metalles selbst liegt;
4. die Verbrennungswärme des Metalls möglichst groß ist;
5. die Wärmeleitfähigkeit des Metalles möglichst gering ist.

Nicht alle Metalle sind schneidbar. Von wesentlichen Einfluß auf die Schneidbarkeit von Eisen und Stahl ist die Zusammensetzung. Stahl mit einem Kohlenstoffgehalt bis zu 2% ist kalt schneidbar, bei höherem Kohlenstoffgehalt bis zu 2,5% ist eine Vorwärmung des Werkstückes erforderlich. Hohe Zusätze an Chrom, Wolfram und Molybdän erschweren die Schneidbarkeit oder schließen diese gar aus.

Nicht schneidbar sind Kupfer, Messing, Nickel und Aluminium. Auch Gußeisen ist nicht schneidbar, da schon bei einem Kohlenstoffgehalt von 3% seine Schmelztemperatur wesentlich unter der Entzündungstemperatur liegt. Dasselbe gilt von Blei. Wenn man trotzdem von Gußeisen- bzw. Bleischneiden spricht, so handelt es sich mehr um ein Durchschmelzen. Die hierfür benutzten Schneidwerkzeuge sind aber in letzter Zeit soweit entwickelt worden, daß sie einigermaßen saubere Trennflächen ergeben.

Der Schneidbrenner ist grundsätzlich nichts anderes als ein gewöhnlicher Schweißbrenner, der noch eine zusätzliche Sauerstoffdüse hat. Die Schweißbrennerdüse wird auch als Heizdüse bezeichnet, weil die aus ihr austretende Flamme aus Brenngas und Sauerstoff, die sog. Heizflamme, das Werkstück an der Schnittstelle auf die Entzündungstemperatur aufheizen soll, während man die zusätzliche Sauerstoffdüse, durch die der Sauerstoffstrahl auf die Schnittstelle gerichtet wird, als Schneiddüse bezeichnet. Hinsichtlich der gegenseitigen Anordnung von Heiz- und Schneiddüse unterscheidet man

1. Ringdüsenbrenner,
2. Zweidüsenbrenner oder Brenner mit hintereinanderliegenden Düsen.

Der Ringdüsenbrenner, dessen Mundstück aus Abb. 29 ersichtlich ist, besitzt innen die lochförmige Schneiddüse, um die sich die ringförmige Heizdüse legt. Dieser Brenner stellt die übliche Form dar. Infolge seiner gleichachsig angeordneten Düsen kann er für Schnitte in beliebiger Richtung und Form, wie Winkel-, Kreis- und Kurvenschnitte benutzt werden.

Bei dem in Abb. 30 dargestellten Zweidüsenbrenner, bei dem, in Schneidrichtung gesehen, Heizdüse und Schneiddüse hintereinander liegen, ist nur eine Schneidrichtung möglich. Infolge seiner enger begrenzten Heizflamme ergibt er

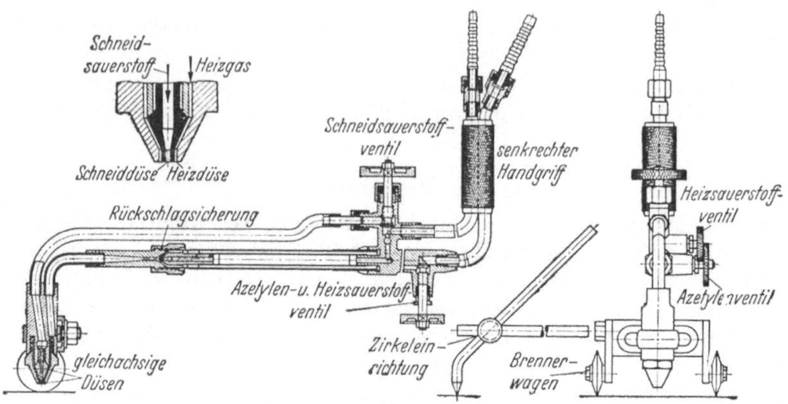

Abb. 29. Ringdüsenschneidbrenner (Messer & Co.).

jedoch schärfere Schnittkanten, insbesondere bei dünneren Blechen. Bei beiden Brennerarten können Heiz- und Schneiddüse entsprechend der zu schneidenden Werkstoffdicke ausgewechselt werden. Beim Dreischlauchbrenner kann man den Druck des Heizsauerstoffs und des Schneidsauerstoffs unabhängig voneinander regeln. Er wird bei Schneidmaschinen und dickeren Werkstücken benutzt.

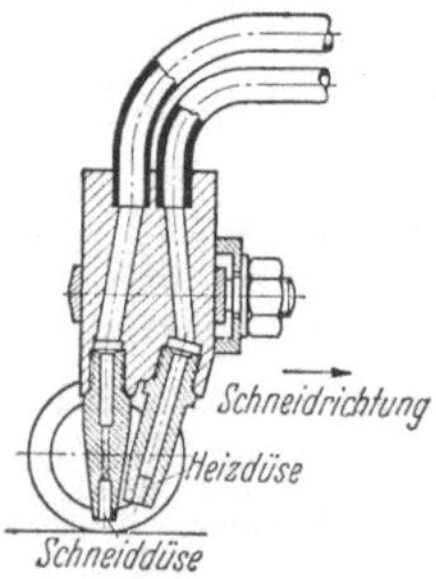

Außer den normalen Schneidbrennern gibt es noch Brenner für Sonderzwecke, wie Lochschneidbrenner, Nietkopfabschneidbrenner, Nietschaftausbrenner, Unterwasserschneidbrenner, Gußeisenschneidbrenner u. a. m. Nach dem für die Heizflamme verwandten Brenngas unterscheidet man auch Azetylenschneidbrenner, Wasserstoffschneidbrenner, Leuchtgasschneidbrenner und Benzolschneidbrenner. Leuchtgas eignet sich für Werkstoffdicken bis zu 200 mm und bietet hier wirtschaftliche Vorteile[1]; bei ihm ist die Vorwärmzeit länger als bei Azetylen. Wasserstoff eignet sich wegen seiner längeren Flamme besonders für Werkstoffdicken von 600—1000 mm.

Abb. 30. Zweidüsenschneidbrenner (Messer & Co.).

Verschiedene Umstände können zu unsauberen Schnitten führen. Eine zu hohe Heizflamme ergibt angeschmolzene Schnittkanten, eine zu langsame Brennerbewegung führt zu zerfressenen Schnittflächen (Abb. 31 A), während sich bei zu schneller Brennerführung (Abb. 31 C) stark rückwärts gekrümmte Schneidriefen zeigen. Einen sauberen Schnitt zeigt Abb. 31 B.

Auch eine unsaubere Düse gibt unglatte Schnitte. Daher sollte dieselbe öfters mit einem Hartholzstäbchen oder einer Messingnadel und in besonderen Fällen mit einem Düsenbohrer gereinigt werden. Von Einfluß auf die Genauigkeit des Schnittes und die Schneidleistung ist auch der Reinheitsgrad des Sauerstoffes.

---

[1] W. Eichenmüller: Zur Frage des Brennschneidens mit Stadtgas-Sauerstoff. „Das Gas- und Wasserfach" 1939, Heft 38, S. 667.

Ein Reinheitsgrad von 99% ist ausreichend, aber schon bei einem Reinheitsgrad von 98% sinkt die Schneidleistung und setzt erhöhte Schlackenbildung ein.

Schließlich ist auch der richtige Abstand der Schneiddüse vom Werkstück sehr wesentlich. Er soll klein sein, damit der Sauerstoffstrahl nicht vorher zerflattert, ehe er das Werkstück trifft. Bei zu großem Brennerabstand wird auch die Wirkung der Heizflamme geringer. Zur Einstellung und zum gleichmäßigen Einhalten des Düsenabstandes dient bei den handelsüblichen Brennern der Führungswagen (Abb. 29.)

Ein Nachteil des Handschneidens ist die mehr oder weniger ungleichmäßige Fortbewegung des Brenners, die

Abb. 31. Aussehen von Brennschnitten.

auch bei größter Übung nie ganz ausgeschaltet werden kann. Bei den Brennschneidmaschinen wird der Brenner durch einen kleinen Elektromotor vollkommen gleichmäßig fortbewegt. Die Schneidgeschwindigkeit kann entsprechend der Werkstoffdicke durch ein Getriebe verändert oder stufenlos eingestellt werden. Die gleichmäßige Brennerbewegung gewährleistet bei richtiger Einstellung nicht nur eine erhöhte Sauberkeit und Genauigkeit des Schnittes, sondern auch eine höhere Schneidleistung als beim Handschneiden.

Sauerstoff- und Azetylenverbrauch und Arbeitszeit für 1 m Schnittlänge (Mittelwerte).

Werkstückdicke . . .	mm	2	5	10	20	50	100	200	300
Sauerstoffverbrauch	l/m	40	60	110	200	550	1200	2850	5000
Sauerstoffdruck ca. .	atü	1,4	1,8	2,5	3,2	4,7	8,4	12	13
Azetylenverbrauch .	l/m	10	12	18	27	68	120	230	320
Arbeitszeit	min/m	2	3	3,5	4,5	6	8	11,5	15

Hinsichtlich der Bauart der Schneidmaschinen unterscheidet man ortsbewegliche und ortsfeste Maschinen. Eine ortsbewegliche Maschine zeigt Abb. 32. Der Brenner wird durch einen Wagen bewegt, der über das Werkstück läuft und für Geradschnitte längs eines Lineals oder Winkeleisens, für Kurvenschnitte von Hand geführt wird. Die Maschine ist für Vor- und Rücklauf sowie für mehrere Geschwindigkeiten einstellbar. Für Kreisschnitte wird eine besondere Zirkelstange benutzt, für Gehrungsschnitte und Stemmkanten kann der Brenner unter beliebigem Winkel eingestellt werden. Derartige Maschinen erweisen sich u. a. vorteilhaft für Geradschnitte

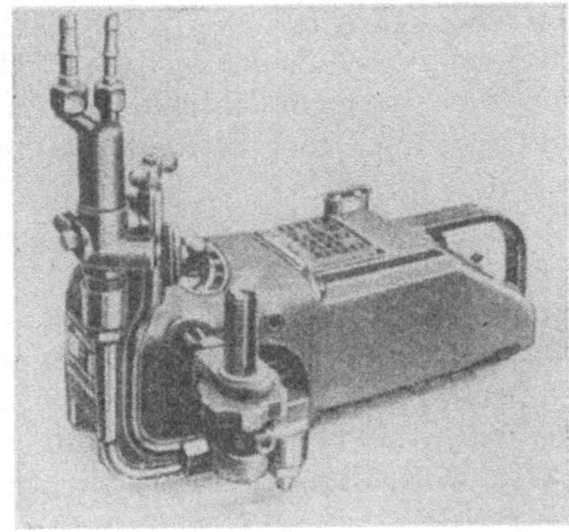

Abb. 32. Ortsbewegliche Brennschneidmaschine (Messer & Co.).

an langen Blechen, die früher nur mit der Blechkantenhobelmaschine ausführbar
waren. Mit 2 schräggestellten Brennern kann man unmittelbar V- und X-Schweiß-
kanten herstellen.

Mit den ortsfesten Maschinen lassen sich beliebige Gerad-, Eck- und
Kurvenschnitte nach Zeichnung, Schablone und Anriß ausführen. Der Brenner
kann durch zwei rechtwinklig übereinanderliegende Wagen, den sog. Kreuzwagen,
in beliebiger Richtung über das zu schneidende Blech bewegt werden.

Das Schneiden nach Zeichnung ist in Abb. 33 veranschaulicht. Die Steuerung
des Brenners erfolgt durch einen Zeigestift, dessen Bewegung durch Kegelräder
auf eine unter dem Antriebsmotor angeordnete, im Bilde nicht sichtbare Lenkrolle
übertragen wird. Durch diese Lenkrolle werden Ober- und Unterwagen so gesteuert,
daß der Brenner den Bewegungen des über die Zeichnungslinien geführten Zeige-
stiftes folgt. In anderen Ausführungen wird der Zeigestift durch einen auf die

Zeichnungsfläche pro-
jizierten Lichtpunkt
oder ein Fadenkreuz
ersetzt. Bei Anferti-
gung der Zeichnung
muß die Schnittbreite
des Brenners berück-
sichtigt werden. Die
Steuerung kann auch
mit magnetischer Füh-
rungsrolle an einer Ei-
senschablone oder mit
Klemmrolle an einer
mit Metallband um-
kleideten Holzscha-
blone erfolgen. Zur
Steuerung nach Anriß
dient das Handrad
über dem Brennerkopf.
Mit dem drehbaren

Abb. 33. Ortsfeste Brennschneidemaschine (Griesheim).

Support lassen sich Kreisschnitte ohne Zirkelstange und durch Schrägstellen des
Brenners auch Kurvenschnitte mit Stemmkanten ausführen.

Das maschinelle Brennschneiden findet in den stahlverarbeitenden Betrieben
immer mehr Eingang. In kürzester Zeit lassen sich Teile anfertigen, die früher
gegossen, geschmiedet, gedreht, gefräst und gehobelt werden mußten. — Außer
den beschriebenen Maschinen, von denen es selbst wieder eine Reihe Bauarten
gibt, hat man noch Sondermaschinen zum Schneiden von Profilen, Wellen, Rohren u. a. m.

Außer dem normalen Brennschneidverfahren gibt es noch verschiedene S o n -
d e r v e r f a h r e n, von denen das in den letzten Jahren in Amerika entwickelte
autogene P u l v e r s c h n e i d v e r f a h r e n[1] genannt werden möge. Unter Zuführung von feinstem Eisenpulver zur Schnittstelle lassen sich rostfreier Stahl und
Gußeisen mit diesem Verfahren schneiden. Weiter sei hier das S a u e r s t o f f -
h o b e l n erwähnt, bei dem mit einem besonders ausgebildeten Schneidbrenner
Risse, Einschlüsse und Oberflächenfehler bei Stahlblöcken beseitigt werden. Es

---

[1] C. G. Keel und M. Müller: Autogene Pulverschneidverfahren. Schweiz. Zeit-
schrift f. Schweißtechnik 1947, S. 248.

unterscheidet sich vom Brennschneiden dadurch, daß der Sauerstoff auf das Werkstück mit einer kleineren Geschwindigkeit aufgeblasen wird und nur ein kleiner Teil des Stahles verbrennt. Das niedergeschmolzene Metall fließt durch den Sauerstoffdruck ab und erhitzt dabei den Stahl, so daß hier die Vorwärmtemperatur über dem Schmelzpunkt liegt. Das Sauerstoffhobeln kann auch beim Schweißen als „Fugenhobeln" zum Ausarbeiten von Fugen oder Rillen, zum wurzelseitigen Auskreuzen von Schweißnähten, Entfernen von Kehlnähten usw. benutzt werden.

12. Die autogene Oberflächenhärtung (Flammenhärtung)

ist ein Nachbargebiet der Gasschmelzschweißung, das hier nur kurz gestreift werden soll. Sie besteht darin, daß ein Werkstück aus härtbarem Stahl durch eine Brenngas-Sauerstoff-Flamme auf Härtetemperatur erhitzt und dann durch Wasser abgeschreckt wird.

Härtbar sind Stähle und Stahlguß mit 0,3—0,8% Kohlenstoffgehalt, legierte Stähle, besonders geeignet sind St 60 und St 70, ferner Gußeisen, wenn 0,5—0,8% Kohlenstoff gebunden sind.

Es können Wellen, Zapfen, Zahnräder, Laufräder, Rollen, Ringe, Bohrungen, Gleitflächen u. a. m. gehärtet werden.

Der Vorteil der autogenen Oberflächenhärtung liegt darin, daß sie schnell vor sich geht und jederzeit betriebsbereit ist. Auch sperrige Stücke können mit ihr behandelt werden. Der Werkstoff wird nur an der Oberfläche durch die Härtung beeinflußt, während er im Innern unverändert bleibt und seine Festigkeits- und Dehnungseigenschaften behält. Ein Verziehen der Werkstücke tritt praktisch nicht ein.

B. Die Lichtbogenschweißung.

Bei ihr wird die Wärmewirkung des elektrischen Lichtbogens (Temperatur i. M. rd. 3500°) zum Anschmelzen der Kanten oder Flächen metallischer Werkstücke und Einschmelzen des Zusatzwerkstoffes nutzbar gemacht.

Als Lichtbogen bezeichnet man den unter starker Licht- und Wärmewirkung vor sich gehenden Stromdurchgang durch die Luft oder andere Gase. Zu seiner Entstehung werden zwei stromführende Leiter (Elektroden) miteinander in Berührung gebracht und dann wieder ein kurzes Stück voneinander entfernt. Dadurch entsteht in der Luftstrecke zwischen beiden Leitern ein Lichtbogen. Zur Bildung des Lichtbogens (Zündung) ist eine gewisse Spannung (Zündspannung) und zu seiner Aufrechterhaltung ebenfalls eine bestimmte Spannung (Arbeitsspannung) erforderlich. Letztere hängt von der Lichtbogenlänge ab. Wird diese größer, als der Arbeitsspannung entspricht, so reißt der Lichtbogen ab.

1. Schweißverfahren.

Verfahren nach Benardos (1885). Der Lichtbogen wird zwischen einer Kohleelektrode und dem Werkstück gezogen (Abb. 34). Zur Herstellung der Schweißnaht ist ein Zusatzstab erforderlich, falls nicht, z. B. bei dünnen Blechen, die Werkstückkanten aufgebördelt sind. Das Verfahren ist nur für Gleichstrom verwendbar, der Pluspol liegt am Werkstück, die Elektrode ist an den Minuspol angeschlossen. Die Kohlelichtbogenschweißung beschränkt sich auf Sonderfälle, wie die Automatenschweißung, die Dünnblechschweißung, die Ausbesserung von Lunkern in Stahlgußstücken und die Nichteisenmetallschweißung. Es kann nur in waagerechter Lage geschweißt werden.

Verfahren nach Zerener (1889). Der Lichtbogen wird zwischen zwei Kohleelektroden gezogen und durch einen in den Schweißstromkreis eingeschalteten Blasmagneten auf das Werkstück gerichtet (Abb. 35). Der Lichtbogen hat hier die Wirkung einer Stichflamme. Zur Herstellung der Schweißnaht ist, ebenso wie beim Benardosverfahren, ein Zusatzstab erforderlich. Das Verfahren nach Zerener wird heute kaum noch angewandt.

Verfahren nach Slavianoff (1891). Der Lichtbogen wird zwischen einer Metallelektrode und dem Werkstück gezogen (Abb. 36). Die Elektrode schmilzt

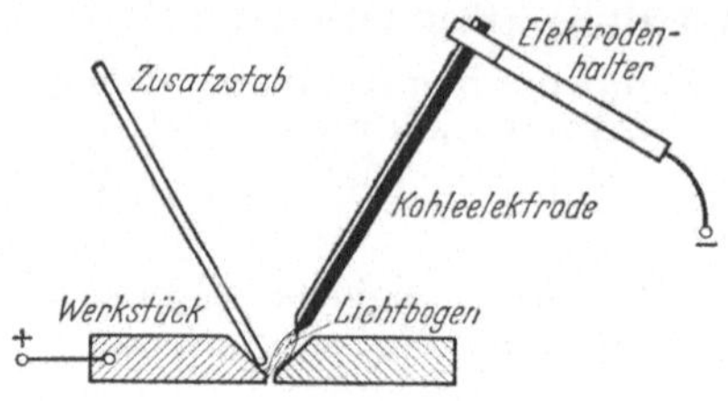

Abb. 34. Schema des Benardos-Verfahrens.

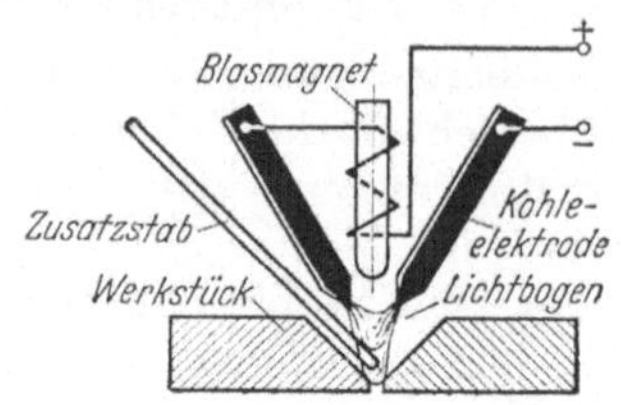

Abb. 35. Schema des Zerener-Verfahrens.

im Lichtbogen ab und liefert den Werkstoff für die Schweißnaht, sie dient also gleichzeitig als Zusatzstab. Mit der Zündung des Lchtbogens erfolgt gleichzeitig das Aufschmelzen des Werkstückes und das Abschmelzen der Elektrode. Das Slavianoffverfahren hat die größte Bedeutung erlangt. Es kann für Gleich- und Wechselstrom sowie zum Schweißen in allen Lagen (waagerecht, senkrecht und überkopf) verwandt werden. Für den Schweißer ist es am handlichsten, da er nur eine Hand zum Schweißen braucht und die andere zum Halten des Schutzschildes frei hat.

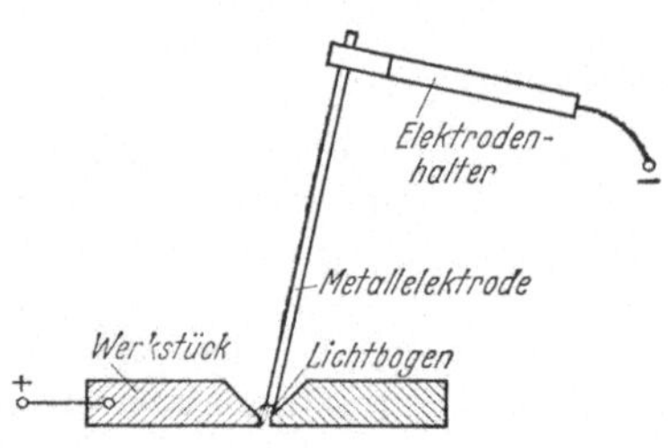

Abb. 36. Schema des Slavianoff-Verfahrens.

2. Stromstärke, Spannung und Temperaturen im Lichtbogen.

Im Lichtbogen sind Stromstärke und Spannung gegenseitig voneinander abhängig. Die Stromstärken liegen für Kohleelektroden von 4—25 mm ⌀ zwischen 25 und 700 A, die Arbeitsspannungen zwischen 20 und 60 V. Beim Metallichtbogen sind für Stahlschweißung Stromstärken von 60—250 (350) A und Arbeitsspannungen von 15—35 V für Elektrodendurchmesser von 2—6 mm üblich. Für Gußeisenwarmschweißungen werden Stromstärken bis zu 1500 A bei Gußeisenelektroden bis 20 mm ⌀ verwandt. Zum Zünden des Lichtbogens ist eine Spannung von 60—70 V erforderlich.

Die Temperaturen im Lichtbogen liegen zwischen 3500 und 4000°. Bei Gleichstrom ist die Temperatur am Pluspol um etwa 600° höher als am Minuspol, bei Wechselstrom herrscht nahezu Temperaturgleichheit, da hier keine Polarität besteht.

3. Blaswirkung des Lichtbogens.

Werkstück, Lichtbogen und Elektrode sind stromdurchflossene Leiter, die von magnetischen Kraftlinien umgeben sind. Durch diese Kraftlinien wird der Lichtbogen von seinem kürzesten Wege zwischen Elektrode und Werkstück seitlich abgelenkt. Diese Erscheinung, die besonders beim Schweißen mit Gleichstrom nicht selten unter heftigem Flackern und Blasen auftritt, bezeichnet man als Blaswirkung des Lichtbogens. Sie kann so stark werden, daß ein einwandfreies Schweißen nicht mehr möglich ist. Anderseits kann ein mäßiges Blasen für die Schweißarbeit vorteilhaft sein.

Zur versuchsmäßigen Feststellung der Blaswirkung benutzt man die in Abb. 37 angegebene Einrichtung, als Elektrode verwendet man wegen ihres längeren Lichtbogens am besten eine Kohleelektrode. Der Steg a wird an den Pluspol einer Gleichstromquelle, die Elektrode an den Minuspol angeschlossen. Man kann nun folgende Beobachtungen machen: Unmittelbar über den Steg a (Stromanschluß) erfährt der Lichtbogen keine Ablenkung; geht man nach rechts oder links, so wird er vom Stromanschluß abgelenkt. Kommt dagegen der Lichtbogen an das Ende des Werkstückes b, so bläst er auf die Mitte zu. Man kann aus diesem Versuch feststellen, daß 1. der Lichtbogen vom Anschlußpunkte abgelenkt wird und 2. der Lichtbogen von der Kante zur Mitte des Werkstücks bläst.

Die Ursachen der Blaswirkung sind in der Hauptsache auf magnetische Kraftwirkungen zurückzuführen. Wie in Abb. 38 dargestellt ist, tritt der

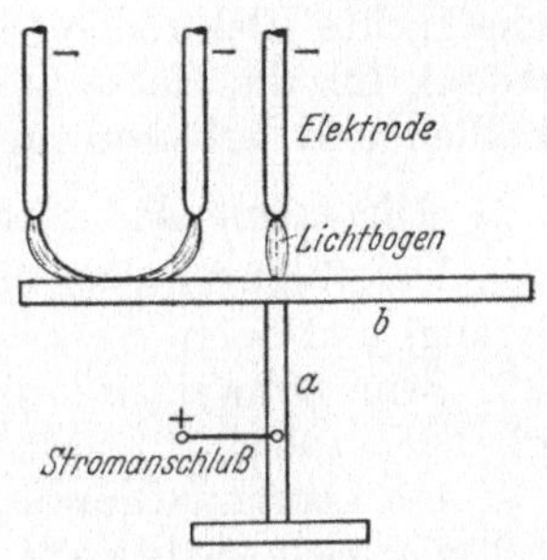

Abb. 37. Blaswirkung des Lichtbogens.

Strom bei A in das Werkstück ein, geht über den Lichtbogen zur Elektrode und von hier zur Stromquelle zurück. Die Kraftlinien drängen sich an der Stelle, wo der Lichtbogen auf das Werkstück auftrifft, zusammen und bewirken infolge ihrer größeren Dichte eine Ablenkung des Lichtbogens in Richtung des Pfeiles 1. So ist die Erscheinung erklärt, daß der Lichtbogen immer vom Anschlußpunkt abgelenkt wird.

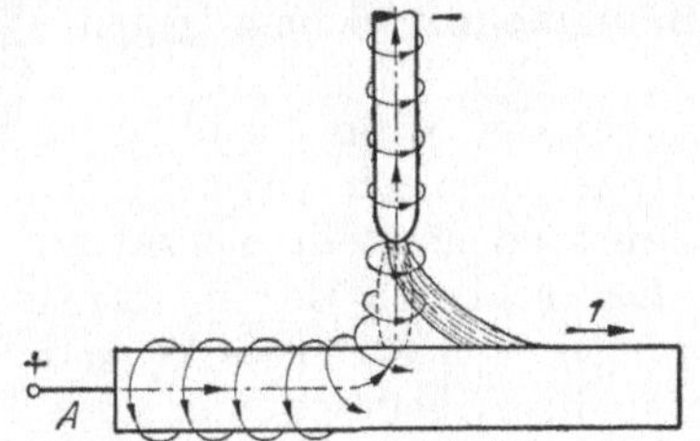

Abb. 38. Erklärung der Blaswirkung.

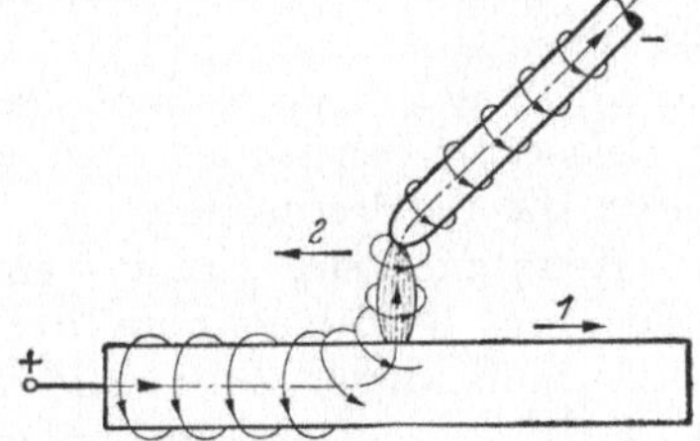

Abb. 39. Abhilfe gegen die Blaswirkung.

Die Erscheinung, daß der Lichtbogen von der Werkstückkante wegbläst, beruht darauf, daß die Kraftlinien an den Werkstückenden wesentlich dichter sind als an anderen Stellen. Diese Verdichtung der Kraftlinien bezeichnet man auch als Kantenaufladung.

Von den verschiedenen Mitteln, die Blaswirkung zu mildern, ist das einfachste die Neigung der Elektrode auf den Stromanschluß bzw. auf die Werkstückkante. In Abb. 39 ist veranschaulicht, daß am Übergang zwischen geneigter Elektrode und Lichtbogen ebenfalls eine Anhäufung von Kraftlinien auftritt. Diese ruft eine Kraft 2 hervor, die der Kraft 1 entgegenwirkt und diese schwächt oder gar aufhebt.

Da die Blaswirkung vom Stromanschluß abhängt, bietet auch die Verlegung des Anschlußpoles ein Mittel zu ihrer Beseitigung. Vielfach wird jedoch der Schweißer hierdurch in der Arbeit aufgehalten und ein beweglicher Anschlußpol gewährleistet nicht immer einen einwandfreien Stromübergang. Einen Einfluß haben auch die Elektroden. Nackte Elektroden blasen stärker als umhüllte. Dann kann durch Heftschweißungen (magnetischer Kurzschluß) die Blaswirkung gemildert werden. Schließlich spielt die Stromart eine Rolle. Bei Wechselstrom sind die störenden Einflüsse geringer als bei Gleichstrom. — Daß ein mäßiges Blasen auch Vorteile bringen kann, ist auf S. 43 (Haltung der Elektrode) gezeigt.

4. Schweißstromerzeuger und Schweißeinrichtungen.

Zum Schweißen kann man Gleichstrom oder Wechselstrom benutzen. Beide Stromarten haben ihre Vor- und Nachteile. Gleichstrom ist Bedingung für einfache nackte Elektroden (Seelenelektroden können mit Wechselstrom verschweißt werden), für die Kohle-Lichtbogen-Schweißung, die Schweißung von Nichteisenmetallen und Arbeiten im Innern von Kesseln u. dgl.

a) Allgemeine Anforderungen an Schweißstromquellen.

1. Der Kurzschlußstrom bei Berührung von Elektrode und Werkstück (Zündvorgang) und beim Werkstoffübergang muß auf ein zulässiges Maß begrenzt sein.

2. Beim Schweißen muß die für den Lichtbogen erforderliche Arbeitsspannung vorhanden sein.

3. Die Leerlaufspannung soll aus Sicherheitsgründen (Gefährdung des Schweißers) möglichst niedrig sein, jedoch muß die Zündspannung die erforderliche Höhe haben. Nach jedem Werkstoffübergang (Kurzschluß) muß die Spannung schnell wieder aufgeholt werden.

4. Spannung und Stromstärke müssen sich entsprechend den Betriebsverhältnissen weitestgehend regeln lassen.

5. Die durch die veränderliche Lichtbogenlänge hervorgerufenen Spannungsschwankungen sollen sich möglichst wenig auf die Stromstärke auswirken.

6. Ferner wird verlangt: Guter Wirkungsgrad, hoher Leistungsfaktor (cos φ), Umpolsicherheit bei Gleichstrom, einfache Handhabung, Schutz gegen Wasser und Staub.

Die Kurve der Abhängigkeit der Spannung von der Stromstärke bei verschiedener Belastung bezeichnet man als Kennlinie oder Charakteristik. Die Kennlinie, die die Verhältnisse im Beharrungszustand darstellt, nennt man statische Kennlinie oder Stand-Kennlinie im Gegensatz zu der dynamischen Kennlinie oder Stoß-Kennlinie, die die Änderungen von Stromstärke und Spannung innerhalb kurzer Zeiträume darstellt. Da die Arbeitsspannung des Lichtbogens niedriger liegt als die Zündspannung und außerdem die Kurzschlußstromstärke begrenzt sein muß, muß jede Schweißstromquelle eine fallende statische Kennlinie haben. Die statischen Kennlinien verschiedener Schweißstromerzeuger sind in den Abb. 41, 43 und 45 wiedergegeben.

b) Gleichstromschweißung. α) *Die Schweißung vom Netz* ist unter Verwendung von Vorschaltwiderständen zur Erzeugung der fallenden Kennlinie technisch möglich, aber sehr unwirtschaftlich. Z. B. beträgt bei einer Netzspannung von 110 V und einer Lichtbogenspannung von 22 V der Wirkungsgrad η nur $22:110 = 0{,}2$, bei einer Netzspannung von 220 V und 22 V Lichtbogenspannung nur 0,1. Bei Leerlauf wird der Schweißer durch die hohe Netzspannung gefährdet. Damit sich die beim Schweißen auftretenden Stromstöße nicht auf das Netz fortpflanzen, ist die Einschaltung eines Stromstoßautomaten erforderlich. Dieser wirkt so, daß bei Unterbrechung des Stromes durch einen Magnetschalter ein Ersatzwiderstand eingeschaltet wird und hierdurch auf das Netz keine nennenswerten Stromstöße kommen. Die Schweißung vom Netz wird nur in Ausnahmefällen angewandt.

β) Schweißumformer. Hierunter versteht man einen eigens für die Lichtbogenschweißung gebauten Gleichstromgenerator, der durch einen Elektromotor angetrieben wird. Dieser kann je nach dem vorhandenen Stromanschluß ein Gleich- oder Drehstrommotor sein. Generator und Motor werden heute meist in einem Gehäuse zusammengebaut (Eingehäuseumformer) und meist fahrbar eingerichtet. In der Regel hat man für jeden Schweißplatz einen besonderen Umformer. Neuerdings gibt es auch Doppelumformer, bei denen durch einen Motor zwei Schweißgeneratoren angetrieben werden. Mit dieser Maschine kann man gleichzeitig an zwei Schweißstellen arbeiten oder auch durch Parallelschaltung der Generatoren die doppelte Schweißstromstärke erreichen. Mit Mehrstellenumformern[1] können bis zu 12 Schweißstellen betrieben werden. — Ist, z. B. auf Baustellen, kein Stromanschluß vorhanden, dann wählt man als Antrieb für den Generator einen Benzin- oder Dieselmotor, der zusammen mit dem Generator auf einem gemeinsamen Fahrgestell aufgebaut ist.

Hinsichtlich der Erzeugung des Magnetfeldes unterscheidet man:

fremderregte Maschinen, die durch eine fremde Stromquelle erregt werden, und zwar bei Gleichstrom unmittelbar vom Netz, bei Drehstrom über einen kleinen Gleichrichter, weiter

eigenerregte Maschinen, bei denen eine besondere Erregermaschine unmittelbar mit dem Schweißgenerator gekuppelt ist, und

selbsterregte Maschinen, die durch den im Schweißgenerator selbst erzeugten Strom erregt werden.

Fremderregte Maschinen sind beim Zusammenarbeiten mit einem zweiten Schweißgenerator umpolsicher. Selbsterregte Maschinen bedürfen, um die Spannung nach einem Kurzschluß schnell wieder aufzuholen, besonderer Hilfsmittel.

Die für den Schweißbetrieb erforderliche fallende Kennlinie kann durch einen Vorschaltwiderstand, durch Nutzbarmachung der Ankerrückwirkung, durch Gegenverbundwicklung oder durch Anordnung besonderer Streupole erreicht werden. Durch Vereinigung dieser Möglichkeiten mit einem der vorgenannten Erregungssysteme ergeben sich eine Reihe verschiedener Schaltungen.

Die Schaltung eines Schweißgenerators mit Gegenverbundwicklung und Fremderregung zeigt Abb. 40. Die Magnetpole haben außer der an eine fremde Stromquelle angeschlossenen Wicklung *a* noch eine zweite Wicklung *b*, die in den Stromkreis des Generators eingeschaltet ist und gegenüber der Wicklung *a* in entgegengesetzter Richtung durchflossen wird. Mit wachsender Stromstärke im Schweiß-

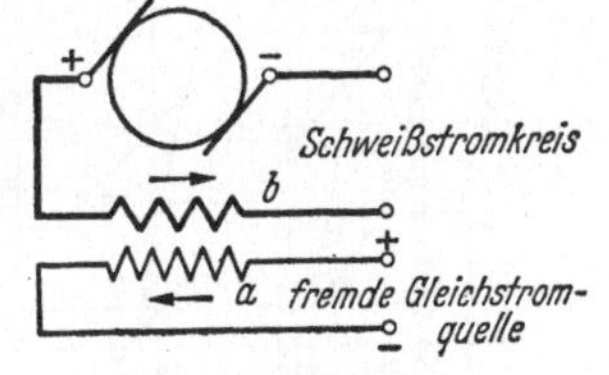

Abb. 40. Schaltung eines fremderregten Schweißgenerators mit Gegenverbundwicklung.

stromkreis wird das durch die Wicklung *a* erzeugte Magnetfeld durch die Wicklung *b* geschwächt und die Spannung herabgedrückt. Die statische Kennlinie dieses Schweißgenerators ist in Abb. 42 angegeben.

Die Wirkungsweise der Generatoren mit Ankerrückwirkung kann durch folgende Überlegung erklärt werden: Bei jeder Gleichstrommaschine bildet sich in dem stromdurchflossenen Anker ein zweites Magnetfeld, das sog. Ankerfeld, welches das zwischen den Magnetpolen bestehende Hauptfeld schwächt. Diese Erscheinung bezeichnet man als Ankerrückwirkung. Durch entsprechende Bemessung der Ankerwicklung kann man erreichen, daß beim Überschreiten einer gewissen Stromstärke das Ankerfeld eine drosselnde Wirkung ausübt, wodurch die Spannung schließlich bis auf Null absinkt und die Stromstärke begrenzt wird.

---

[1] Ricken: Mehrstellen-Schweißumformer. Werkstatt und Betrieb 1940, S. 229.

Bei dem Querfeldgenerator, dessen Schaltung aus Abb. 41 ersichtlich ist, gibt das quer zum Hauptfeld gerichtete Ankerfeld, das sog. Querfeld, ohne weitere Hilfsmittel den Schweißstrom ab. Die Hilfsbürsten sind kurz geschlossen. Hierdurch entsteht im Anker das Querfeld, das wieder ein weiteres, um 90° im Drehsinn verschobenes Ankerfeld erzeugt, das dem ursprünglichen Hauptfeld entgegengesetzt ist und dieses schwächt. Je höher die Stromstärke im Schweißstromkreis ist, um so mehr wird das Hauptfeld geschwächt und die Spannung herabgedrückt. Die statische Kennlinie einer Querfeldmaschine ist in Abb. 42 aufgezeichnet.

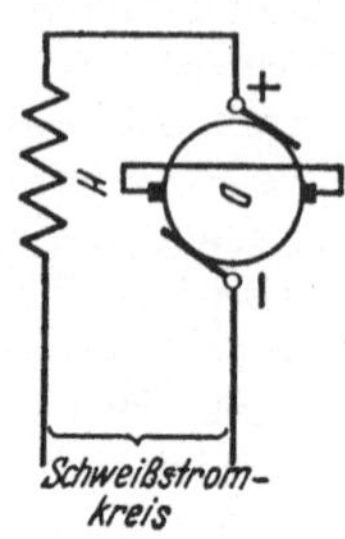

Abb. 41.
Schaltung eines
Querfeldgenerators.

Beim Vergleich der Kennlinie eines Gegenverbundgenerators mit der eines Querfeldgenerators ergibt sich, daß der Querfeldgenerator eine sehr niedrige Leerlaufspannung hat, die ihn besonders für Arbeiten geeignet macht, bei denen diese mit Rücksicht auf den Schweißer verlangt werden, z. B. beim Arbeiten im Innern von Kesseln. Außerdem fällt die Kennlinie im Schweißbereich steil ab. Die durch einen längeren Lichtbogen hervorgerufene Spannungserhöhung wirkt sich nicht so sehr auf die Stromstärke aus wie bei der Gegenverbundmaschine, bei der der Schweißer gezwungen wird, einen kurzen Lichtbogen zu halten. Das Schweißen mit einer Querfeldmaschine ist leichter, jedoch besteht die Gefahr, daß der Lichtbogen zu

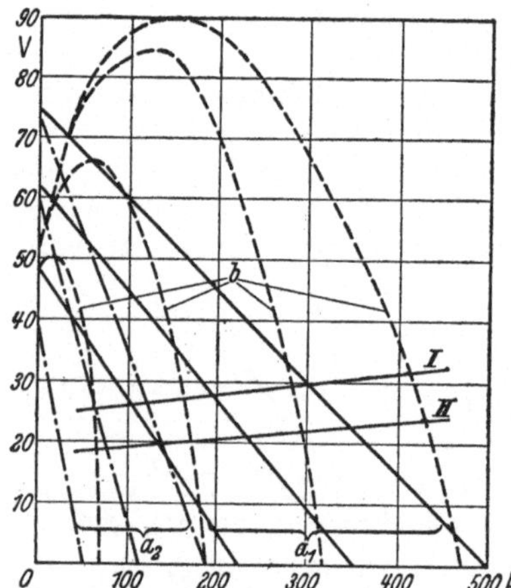

Abb. 42. Statische Kennlinien eines Generators mit Gegenverbundwicklung und eines Querfeldgenerators.
a_1 = Generator mit Gegenverbundwicklung
Regelbereich I,
a_2 = Generator mit Gegenverbundwicklung
Regelbereich II,
b = Querfeldgenerator,
I = Lichtbogenspannung für dickumhüllte Elektroden,
II = Lichtbogenspannung für nackte und dünnumhüllte Elektroden.

lang gehalten wird, was einmal für die Güte der Schweißnaht nachteilig ist und auch infolge starken Ansteigens der Spannung bei wenig verringerter Stromstärke zu einer Überlastung der Maschine führen kann.

Der Wirkungsgrad der Schweißumformer ist $\eta = 0{,}45\text{—}0{,}65$, ihr Leistungsfaktor $\cos \varphi$ 0,8—0,9, je nach Belastung.

Die Einstellung der Schweißstromstärke erfolgt durch einen meist stufenlosen Regler. Damit man beim Arbeiten mit niedrigen Stromstärken, z. B. bei der Dünnblechschweißung, eine genügend hohe Zündspannung hat, sind viele Maschinen mit zwei Regelbereichen versehen und haben demgemäß auch zwei Kennliniengruppen (Abb. 42). Der Übergang von einem Regelbereich zum anderen erfolgt durch einfaches Umschalten. Innerhalb jedes Regelbereiches sind die Maschinen meist stufenlos regelbar. Die Ausführung eines fremderregten Schweißumformers mit Gegenverbundwicklung zeigt Abb. 43.

γ) Schweißgleichrichter. Der Schweißgleichrichter besteht aus einem Drehstrom-Umspanner, der die Netzspannung auf etwa 50 V herabsetzt und dem eigentlichen Gleichrichter, der als elektrisches Ventil wirkt und den Drehstrom nur in einer Richtung durchläßt, also in Gleichstrom verwandelt. Für den Schweißbetrieb kommen zwei Arten von Gleichrichtern in Frage: Gleichrichter mit Glühkathodenröhren und Trockenplattengleichrichter. Erstere sind durch eine widerstandsfähige Ausführung und federnde

Aufhängung der Glühkathodenröhren in den letzten Jahren soweit entwickelt worden, daß sie sich für den rauhen Schweißbetrieb eignen. Die Trockenplattengleichrichter sind aus vielen einzelnen Gleichrichterelementen zusammengesetzt, von denen jedes aus einer Eisenplatte mit einseitiger Selen- oder Kupferoxydulschicht besteht. Der Strom wird nur in Richtung vom Eisen zum Selen bzw. Kupferoxydul durchgelassen. Trockengleichrichter eignen sich gut für einen rauhen Betrieb, sind jedoch gegen Übererwärmung empfindlich und müssen reichlich gekühlt werden, was in der Regel durch einen eingebauten Lüfter erfolgt.

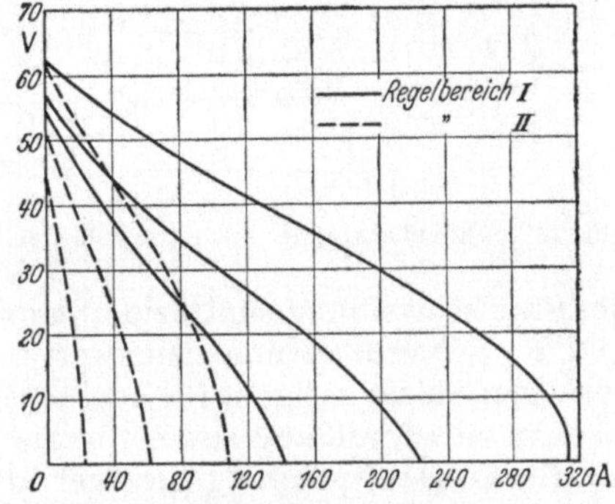

Abb. 43. Fahrbarer Schweißgenerator (Kjellberg).

Abb. 44. Statische Kennlinien eines Trockengleichrichters.

Die Kennlinien eines Trockengleichrichters mit zwei Regelbereichen zeigt Abb. 44. Der Schweißstrom wird in der im folgenden Abschnitt beschriebenen Weise am Umspanner geregelt.

Schweißgleichrichter haben den Vorteil einer trägheitslosen Stromanpassung und eignen sich insbesondere für Dünnblechschweißungen, für die Schweißung von nichtrostenden Stählen sowie von Aluminium und seinen Legierungen. Sie erreichen einen Höchstwirkungsgrad $\eta = 0,55$—$0,6$, ihr Leistungsfaktor $\cos \varphi$ liegt je nach Belastung zwischen 0,7 und 0,77.

c) Wechselstromschweißung. Hier kommt als Stromquelle fast nur der Schweißumspanner in Frage. Die Schweißung vom Netz ist unter Verwendung von Drosselspulen technisch wohl möglich, aber bei den hohen Spannungen des Drehstromnetzes (220—380 V) mit Rücksicht auf den Schweißer nicht zulässig. Auch umlaufende Drehstrom-Einphasen-Umformer haben sich weniger eingeführt. Beim Umspanner wird die fallende Kennlinie durch Verwendung von Drosselspulen im Schweißstromkreis oder durch Ausnutzung einer absichtlich herbeigeführten Streuung der Kraftlinien erreicht. Die Regelung der Schweißstromstärke kann durch Drosselspule, durch Zu- und Abschaltung von Sekundärwindungen (Anzapfregelung), durch Veränderung des Luftspaltes zwischen Eisenkern und Joch, durch Streupakete oder durch Verschieben der Primärspule erfolgen. Die letztgenannte Regelungsart ist in Abb. 45 dargestellt. Die Primärspule P kann mit Hilfe einer Spindel durch Drehen des Handrades H auf dem Eisenkern E verschoben werden. Je nach ihrer Entfernung von der Sekundärspule S wird die Streuung größer oder kleiner und damit die Stromstärke niedriger oder höher. Die statische Kennlinie für diese Umspanner zeigt Abb. 46, und zwar stellt die Kurve I die Kennlinie für die geringste Streuung, die Kurve II die Kennlinie für die größte Streuung dar.

Die Regelung durch Verschiebung der Primärspule ist, wie auch die Luftspaltregelung, stufenlos, einfach und billig und wird daher viel angewandt.

Der Wirkungsgrad der Umspanner ist mit $\eta = 0{,}8\text{—}0{,}9$ höher als beim Umformer und Gleichrichter, dagegen ist der Leistungsfaktor $\cos\varphi$ schlechter. Er beträgt nur etwa 0,45, kann aber durch Zuschalten eines Kondensators (Kompensierung) bis auf 1,0 verbessert werden. Die Kompensierung hat zwar auf den effektiven Stromverbrauch keinen Einfluß, bewirkt aber eine günstigere Belastung des Netzes. Kompensierte Umspanner erfordern nur etwa 65% des Zuleitungsquerschnittes der unkompensierten von gleicher Leistung; sie werden in steigendem Maße eingeführt.

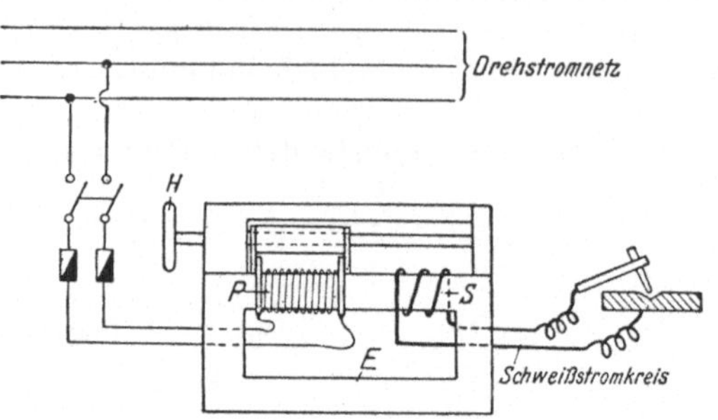

Abb. 45. Schweißumspanner mit verschiebbarer Primärspule.

d) Vergleich zwischen Gleich- und Wechselstromschweißung. Bei der Stahlschweißung sind beide Stromarten hinsichtlich der Güte der Schweißnaht und der Schweißleistung gleichwertig. Die Gleichstromschweißung genügt allen Ansprüchen, sie ist geeignet für nackte Elektroden, für die Kohlelichtbogen- und Nichteisenmetallschweißung sowie für die Gußeisenwarmschweißung. Bei Gleichstrom ist die Leerlaufspannung geringer als bei Wechselstrom, was für ein gefahrloses Arbeiten in Kesseln und auf Stahlgerüsten sehr wesentlich ist. Umformer und Gleichrichter gestatten einen dreiphasigen Anschluß und belasten das Drehstromnetz gleichmäßig. Nachteilig ist der etwa doppelt so hohe Anschaffungspreis von Umformer und Gleichrichter gegenüber dem Umspanner. Trotz der Notwendigkeit, die teueren umhüllten Elektroden verwenden zu müssen, stellt sich der Umspanner bei geringerer Benutzungsdauer im Gebrauch billiger, da bei ihm auch der Stromverbrauch und die Wartungskosten geringer sind. Auch die Betriebssicherheit ist beim Umspanner höher als beim Umformer, da er keine umlaufenden und abnutzenden Teile hat. Ungünstig ist jedoch der einphasige Anschluß und die damit verbundene ungleichmäßige Belastung des Drehstromnetzes. Für den Anschluß eines Schweißumspanners an das Niederspannungsnetz ist durchweg die Genehmigung des Elektrizitätswerkes erforderlich. Es gibt jedoch Möglichkeiten, den Anschluß von Umspannern auch an schwächere Netze zuzulassen.

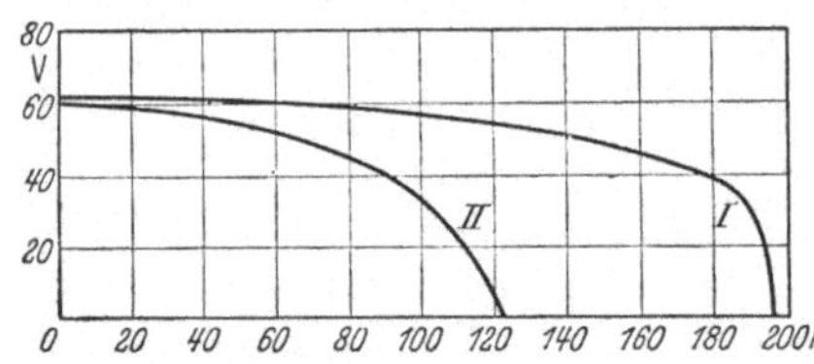

Abb. 46. Statische Kennlinie des Schweißumspanners der Abb. 45.

e) Beurteilung von Schweißmaschinen. Für die Beurteilung der Leistungsfähigkeit von Schweißgeräten sind die Schweißstromstärke, die Maschinenspannung und die Einschaltdauer sehr wesentlich.

Die Schweißstromstärke ist in erster Linie von der Stärke des Werkstückes abhängig. Nach der für das Werkstück zulässigen Stromstärke wird dann der Elektrodendurchmesser bestimmt (vgl. auch S. 45). Mit kleineren Geräten bis etwa 160 A Stromstärke kann man Elektroden bis zu 4 mm Durchmesser verschweißen. Kommen jedoch öfters Werkstoffdicken über 7 mm vor, so sind stärkere Geräte von 200—250 A vorzuziehen. Man kann dann dickere Elektroden verwenden, mit denen sich höhere Schweißleistungen erzielen lassen.

Die Maschinenspannung hängt ab von der Schweißstromstärke, von der Elektrodenart und der Länge des Schweißkabels.

Für 100 A Stromstärkeunterschied beträgt der Spannungsunterschied etwa 2—3 V. Dickumhüllte Elektroden erfordern eine um 30% höhere Spannung als dünnumhüllte oder nackte Elektroden. Bei längeren Kabeln muß der Spannungsabfall von der Maschine bis zum Schweißplatz berücksichtigt werden. Dieser beträgt: $\Delta U = \dfrac{J \cdot l}{k \cdot F}$; hierin ist J die Stromstärke in A, l die Gesamtlänge des Kabels für Hin- und Rückleitung in m, k der Leitwert des Kabelwerkstoffes (für Kupfer 56) und F der Kabelquerschnitt in mm^2. Beispielsweise beträgt bei einer kupfernen Kabelleitung von 35 mm^2 Querschnitt und 20 m Gesamtlänge für 200 A Schweißstromstärke der Spannungsabfall: $\Delta U = \dfrac{200 \cdot 20 \cdot}{56 \cdot 35} = 2,04$ V. Der Spannungsabfall nimmt proportional mit der Länge zu. Es ist zu beachten, daß der Spannungsverlust zusätzlich vom Schweißgerät aufgebracht werden muß, damit im Lichtbogen die erforderliche Spannung vorhanden ist. Man kann den Spannungsabfall auch durch größere Kabelquerschnitte verringern, die jedoch höhere Kosten erfordern.

Unter der Einschaltdauer eines Schweißgerätes versteht man das Verhältnis der reinen Schweißzeit zur Dauer eines Arbeitsspieles. Braucht man z. B. für das Abschmelzen einer Elektrode 2,1 min und für Auswechseln der Elektrode, Abklopfen der Schlacke, Reinigen des Werkstückes usw. (Verlustzeit) 0,9 min, dann beträgt die Dauer eines Arbeitsspieles 2,1 + 0,9 = 3,0 min und die Einschaltdauer 2,1:3,0 = 0,7 = 70%. Nach den „Regeln für elektrische Schweißmaschinen" (RESM) sind die Maschinen für Dauerbetrieb und für Einschaltdauern von 70, 50 und 25% genormt. Die Dauer eines Arbeitsspieles darf 10 min nicht übersteigen. Dauerbetrieb ist bei der Handschweißung ausgeschlossen; dagegen werden Einschaltdauern von 70% bei vielen Arbeiten erreicht. Hierfür sollte auch die Maschine bemessen sein.

f) Wartung der Schweißmaschinen. Diese müssen von Zeit zu Zeit, je nach Betriebsverhältnissen, durch Ausblasen von Staub und Schmutz gereinigt werden; sämtliche Kontakte sind nachzusehen. Bei Umformern empfiehlt sich auch eine Prüfung der Lager auf die Schmierfähigkeit der Fettfüllung. Kollektor und Bürsten müssen öfters untersucht und verbrauchte Bürsten rechtzeitig durch neue ersetzt werden. Ist ein selbsterregter Umformer bei gemeinsamem Arbeiten mit einem anderen Schweißgenerator auf dasselbe Werkstück umgepolt, dann polt man ihn dadurch zurück, daß man den Strom eines anderen Schweißgenerators oder einer sonstigen fremden Gleichstromquelle im richtigen Sinne hindurchschickt.

g) Schweißzubehör. Das Schweißkabel besteht aus geseilten Kupferdrähten. Es soll möglichst biegsam sein; dies gilt besonders für die letzten 3 m vor der Schweißzange, das sog. Handkabel. Für normale Stahlschweißungen genügen Kabel von 35 und 50 mm^2 Querschnitt; Gußeisenwarmschweißungen erfordern stärkere Kabel. Bei längeren Kabeln muß auf den Spannungsabfall Rücksicht genommen werden (vgl. S. 37 oben).

Die Schweißzange (Elektrodenhalter) soll nicht zu schwer sein und ein leichtes Auswechseln der Elektroden gestatten. Bei Federzangen soll die Feder gegen Lichtbogenhitze und Metallspritzer möglichst geschützt sein. Die Anschlußzwinge für das Werkstück (Polzwinge) wird meist als Schraubzwinge ausgebildet.

Zum Schutze des Schweißers gegen Licht- und Wärmestrahlen (insbesondere ultraviolette Strahlen) dient der *Schutzschild* (Abb. 47), der das Gesicht auch gegen seitliche Strahlen schützen soll und in der Regel aus Sperrholz, Pappe oder

Fiber besteht. Zur Beobachtung der Schweißarbeit ist ein dunkelfarbiges Schutzglas mit farblosem Vorsatzglas eingesetzt. Letzteres fängt die Metallspritzer ab und muß öfters erneuert werden. Bei Montagearbeiten u. dgl. wird eine Kopfmaske getragen, wodurch beide Hände frei sind. Zum Schutz der Augen beim Abklopfen der Schlacke dienen Brillen mit Fensterglas.

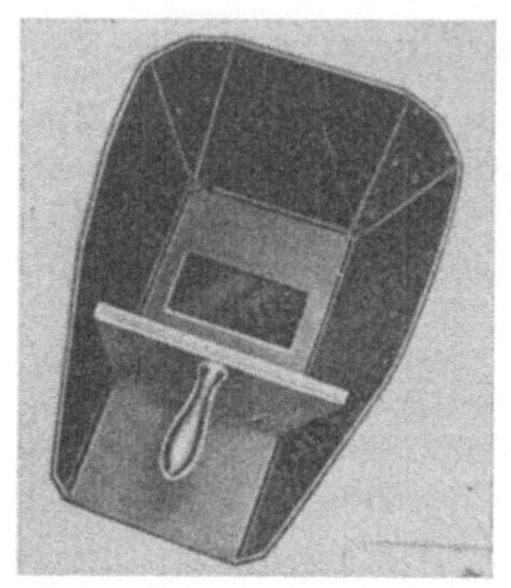

Als Schutzkleidung trägt der Schweißer Handschuhe und eine Schürze aus Leder oder Asbestgewebe.

Die Schweißwerkstatt ist gut zu entlüften. Niedrigere Räume müssen mit einer Absaugevorrichtung (Absaugetrichter über jedem Schweißplatz) versehen sein. Zum Schutze vorübergehender Personen ist jeder Schweißplatz durch dunkelgestrichene Schutzwände oder dunkle Vorhänge abzugrenzen.

Zum Werkzeug des Schweißers gehören ferner eine Drahtbürste zum Reinigen der Schweißstelle, ein Schlackenhammer und u. U. eine kleine Feuerzange. Kleinere Werkstücke werden in der Regel auf einem eisernen Tisch geschweißt.

Abb. 47. Handschutzschild (BBC).

h) **Selbsttätige Lichtbogenschweißeinrichtungen (Schweißautomaten).** Diese haben gegenüber der Handschweißung viele Vorteile und eignen sich besonders für lange Schweißnähte sowie für die Massenfertigung. Der Hauptbestandteil eines Schweißautomaten ist der Schweißkopf, durch den die Elektrode selbsttätig gezündet und entsprechend dem Abbrand mit Hilfe eines Elektromotors vorgeschoben wird. Man unterscheidet Kohleschweißköpfe für die Schweißung mit dem Kohlelichtbogen, u. U. mit selbsttätiger Zufuhr von Zusatzwerkstoff, und Drahtschweiß

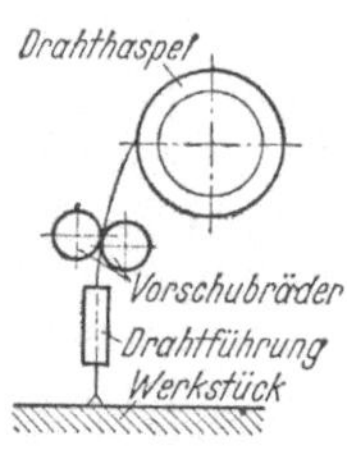

Abb. 48. Schema des Draht-Schweißautomaten.

köpfe für nackten Draht oder Seelendraht, der von einer Haspel zugeführt wird (Abb. 48). Vor einigen Jahren ist es auch gelungen, umhüllten Draht ebenso wie nackten von der Rolle zu verschweißen. Mit dem Elektrodenschweißkopf können dünn- und dickumhüllte Stabelektroden verschweißt werden. Dieser hat, wie die Abb. 49 im Schema zeigt, zwei Einspannvorrichtungen, mit denen die Elektroden nacheinander vorgeschoben, abgeschmolzen und ersetzt werden. Der Lichtbogen brennt beim Übergang von der einen Elektrode zur anderen ohne Erlöschen weiter. Das Herausnehmen der Elektrodenreste und das Einsetzen neuer Elektroden erfolgt von Hand.

Das Kaell[1]-Verfahren stellt eine neue Entwicklung der selbsttätigen Lichtbogenschweißung dar. Es arbeitet mit Drehstrom und verwendet umhüllte Doppelelektroden von großer Länge, die aus zwei nebeneinanderliegenden und durch die Umhüllung voneinander getrennten Elektrodenkernen bestehen, wie Abb. 50 darstellt.

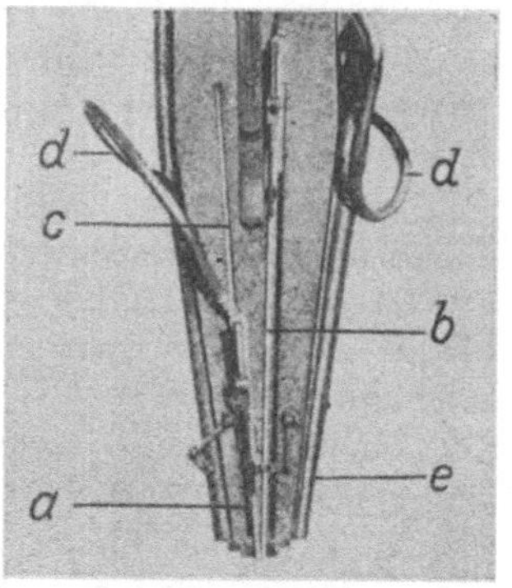

Abb. 49. Kopf des Schweißautomaten für Stabelektroden. (Kjellberg).

a abgeschmolzene Elektrode,
b Nachschubelektrode,
c Führungsschlitze,
d Stromkabel, e Absaugdüsen.

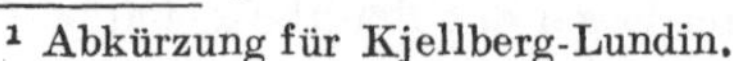

---

[1] Abkürzung für Kjellberg-Lundin.

An jeden dieser beiden Elektrodenkerne a und b wird je eine Phase des Drehstromes angeschlossen, die dritte Phase wird mit dem Werkstück d verbunden. Beim Schweißen entsteht ein Drehstromlichtbogen, der durch die Zahlen 1, 2, 3 angegeben ist. Durch entsprechende Einstellung der Stromstärke in den einzelnen Phasen wird erreicht, daß der Lichtbogen 3 zwischen den Elektrodenkernen a und b wesentlich höher als die Lichtbögen 1 und 2 belastet werden kann und somit die größte Hitze nicht am Werkstück, sondern an den Elektroden auftritt. Dadurch kann gegenüber der bisherigen automatischen Lichtbogenschweißung eine wesentlich höhere Schweißgeschwindigkeit erreicht und trotzdem die Wärmeentwicklung am Werkstück klein gehalten werden. Die Elektroden werden mit einem Automaten für Stabelektroden entsprechend Abb. 49 verschweißt.

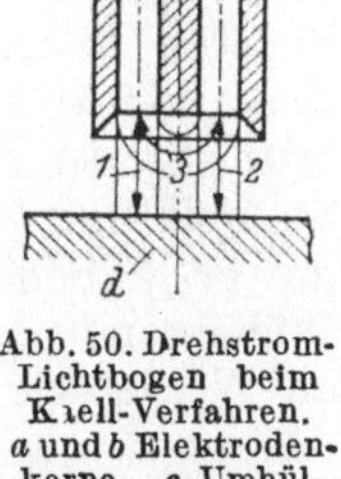

Abb. 50. Drehstrom-Lichtbogen beim Kjell-Verfahren. a und b Elektrodenkerne, c Umhüllung, d Werkstück, 1, 2, 3 Drehstromlichtbögen.

Man unterscheidet ortsfeste und fahrbare Schweißautomaten. Bei ersteren wird das Werkstück unter dem Schweißkopf bewegt, z. B. beim Schweißen von Rundnähten an Kesseln oder beim Auftragen von Radreifen, bei den letzteren dagegen wird der Schweißkopf mittels eines Wagens entlang der Naht über das Werkstück gefahren, z. B. beim Schweißen von Längsnähten.

Mit selbsttätigen Schweißeinrichtungen lassen sich wesentlich höhere Schweißgeschwindigkeiten als bei der Handschweißung erzielen, da infolge gleichmäßiger Führung des Lichtbogens mit höheren Stromstärken gearbeitet werden kann und die Verlustzeiten durch Elektrodenwechsel und andere Nebenarbeiten fortfallen. Infolge der genauen mechanischen Führung der Elektrode wird die Naht auch gleichmäßiger als bei der Handschweißung.

i) Das Elin-Hafergut-Schweißverfahren. Die Arbeitsweise geht aus Abb. 51 hervor. In die entsprechend vorbereitete, von den Werkstücken a und b gebildete Nahtfuge wird eine dick umhüllte Elektrode c gelegt, die mit ihrem nackten Ende an die Schweißstromquelle angeschlossen ist. Wesentlich ist die Überdeckung der Elektrode durch eine mit einer Rille versehene Kupferschiene d, durch die die Gefahr des Krümmens und Abhebens von der Schweißstelle behoben wird. Zwischen Kupferschiene und Elektrode kann noch ein Papierstreifen e (Packpapier) gelegt werden, um etwa noch vorhandenen Luftsauerstoff zu verbrennen und dadurch mit Sicherheit eine oxydfreie Schweißnaht zu erzielen. Nachdem die Elektrode mittels eines Eisendrahtes oder Kohlestiftes f gezündet ist, brennt sie selbsttätig gleichmäßig ab. Durch die Umhüllung wird der Lichtbogen auf gleicher Länge gehalten. Die Rille der Kupferschiene ist so ausgebildet, daß zwischen ihr und der Elektrode noch Hohlräume g verbleiben, die die beim Schmelzen sich ausdehnende Schlacke aufnehmen. Damit die Schweißung nicht durch die Blaswirkung des Lichtbogens beeinträchtigt wird, erfolgt der Stromanschluß an das Werkstück durch einen Wanderpol h, für den ein 2—3 kg schwerer Kupferklotz

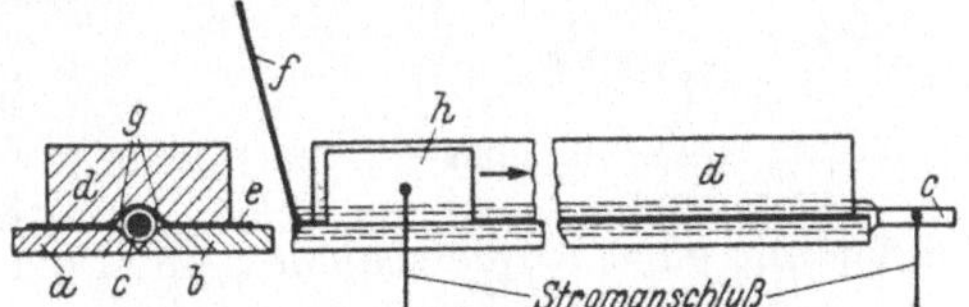

Abb. 51. Elin-Hafergut-Schweißverfahren.

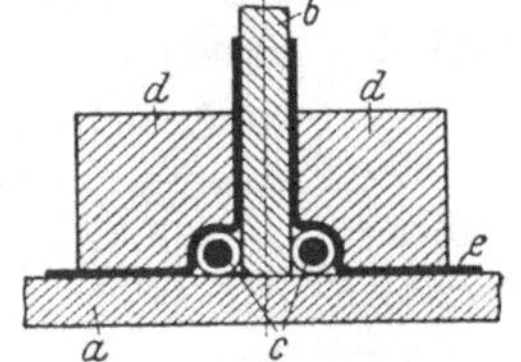

Abb. 52. a und b zu verschweißende Werkstücke, c dick umhüllte Elektrode, d Kupferschienen, e Papierstreifen.

benutzt wird, der immer kurz hinter dem Lichtbogen liegt. Mit entsprechenden Kupferschienen können auch Kehlnähte geschweißt werden. Abb. 52 stellt die Anwendung des Verfahrens beim Schweißen von Kehlnähten dar.

Der Vorteil des Verfahrens liegt darin, daß es von Hilfsarbeitern durchgeführt werden kann; ein Hilfsarbeiter bedient gleichzeitig 2—3 Schweißstellen. Durch Verwendung längerer und dickerer Elektroden als beim Handschweißen (bis zu 1,5 m Länge und 12 mm ⌀) steigen die Schweißleistungen weiter. Der Anwendungsbereich erstreckt sich vorwiegend auf lange, waagerechte Nähte [1].

k) Das Ellira-Schweißverfahren (Elektro-Linde-Rapid-Schweißung, in Amerika Unionmelt-Verfahren genannt)[2] ist ein reines Schmelzverfahren, bei dem nach früherer Anschauung der Schmelzprozeß aber nicht durch die Lichtbogenhitze, sondern durch eine mittelbare Widerstandserhitzung eingeleitet wurde. Nach neueren Feststellungen handelt es sich hier jedoch um eine Lichtbogenschweißung, bei welcher der Lichtbogen durch die Schlacke verdeckt ist [3]. Der Strom tritt von der nackten, automatisch vorgeschobenen Elektrode a über das auf der Schweißfuge b aufgeschichtete, durch das Rohr c zugeführte körnige Schweißpulver d in das Werkstück e über. Das Schweißpulver dient als elektrischer Widerstand und gibt die aufgenommene elektrische Energie in Form von Wärme an Werkstück und Elektrode ab. Nur ein Teil des Schweißpulvers schmilzt zu einer flüssigen Schlacke f nieder, der Rest wird durch ein Saugrohr aufgenommen und wieder verwendet. Zu Beginn der Schweißung muß das im kalten Zustande nicht leitende Schweißpulver erst durch eine Zündpille aus Eisenwolle erhitzt und dadurch elektrisch leitend gemacht werden.

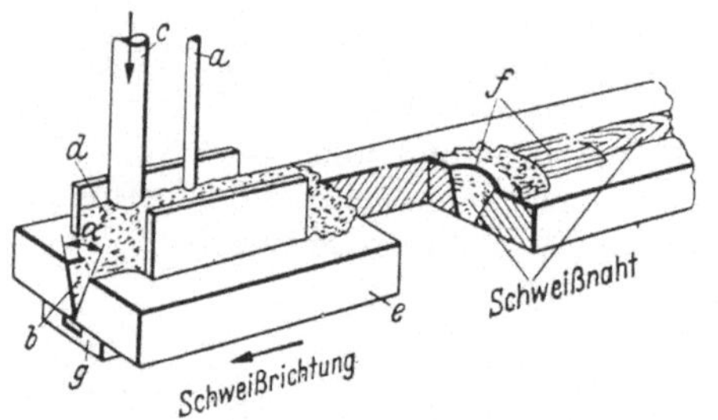

Abb. 53. Schema des Ellira-Schweißverfahrens.

Stahlbleche von 5—64 mm können in einer Lage mit Stromstärken von 575 bis 3200 A und Spannungen von 36—42 V geschweißt werden. V-Nähte werden mit einer Kupferschiene g unterlegt, in besonderen Fällen (Rundnaht) wird wurzelseitig von Hand eine Kappnaht gelegt. Der Fugenwinkel α beträgt bei einem 10 mm-Blech 60°, bei 64 mm Blechdicke nur noch 27°. An Blechen bis zu 15 mm Dicke kann auch eine Abschrägung der Kanten unterbleiben, wenn für entsprechende maschinelle Einrichtungen und einen einwandfreien Zusammenbau gesorgt wird. Die Schweißgeschwindigkeit ist sehr hoch, bei 5 mm Blechdicke 84 cm/min, bei 64 mm Blechdicke noch 12,5 cm/min. Die Elliraschweißung ist vor einigen Jahren auch als Handschweißung entwickelt worden.

Das Verfahren, mit dem gute Festigkeitswerte erzielt werden, eignet sich besonders für lange Schweißnähte an dickeren Blechen bis zu 80 mm, dickwandigen Rohren und Kesseln; es soll aber auch schon für 3 mm dicke Bleche wirtschaftlich sein.

---

[1] G. Hafergut: Selbsttätige Lichtbogenschweißung ohne maschinelle Hilfseinrichtungen. Z. d. VDI. 1939, S. 951, ferner Ricken: Ein neues selbsttätiges Lichtbogen-Schweißverfahren, Werkstatt und Betrieb 1940, S. 127.

[2] Ranke u. Tannheim: Das Ellira-Verfahren — ein neues elektrisches Schweißverfahren. Elektroschweißung 1939, S. 101.

[3] Tannheim: Die physikalisch-chemischen Grundlagen des Ellira-Verfahrens. Elektroschweißung 1942, S. 17.

5. Die Elektroden.

Für das Gelingen und die Güte einer Schweißung ist die Elektrode von ausschlaggebender Bedeutung. Ihre Auswahl erfordert Sachkenntnis und Überlegung.

a) Kohleelektroden werden nur zur Automatenschweißung, zur Schweißung von Dünnblech, Stahlguß und einigen Nichteisenmetallen verwandt. Man unterscheidet hier Voll- oder Homogenkohlen und Dochtkohlen, die im Innern einen Kern aus Wasserglas, Kohlenstaub und Borsäure haben und sich durch einen ruhigen und gleichmäßigen Lichtbogen auszeichnen. Außerdem gibt es Graphitkohlen, die zwar teuerer als Homogenkohlen sind, aber höhere Stromstärken aufnehmen können und einen geringeren Abbrand haben.

b) Metallelektroden. Diese werden nach DIN 1913 eingeteilt [1]:

a) nach ihrem Äußeren in

1. nackte Elektroden (blankgezogene, harte und schwarz geglühte, weiche, ferner gegossene Elektroden);

2. Seelenelektroden mit nichtmetallischem Kern;

3. umhüllte Elektroden, und zwar

α) dünn umhüllte Elektroden (Hüllendicke bis zu 15% des Metallkernes),

β) mitteldick umhüllte Elektroden (Hüllendicke bis zu 40% des Metallkernes),

γ) dick umhüllte Elektroden (Hüllendicke über 40% des Metallkernes).

b) nach dem Werkstoff in

1. Elektroden für Stahlschweißung, bei denen man wieder Elektroden für Verbindungsschweißungen (St 37, 42, 52 und Sonderstähle), Elektroden für Auftragsschweißungen und Schneideelektroden unterscheiden kann;

2. Elektroden für Gußeisenschweißung;

3. Elektroden für Nichteisenmetallschweißung.

c) Beurteilung der Elektroden. Nackte Elektroden können nur mit Gleichstrom verschweißt werden. Sie sind wesentlich billiger als die anderen Elektrodenarten und lassen sich in jeder Lage, also waagerecht, senkrecht und überkopf verschweißen. Nachteilig ist bei ihnen der verhältnismäßig unruhige, wenig stabile Lichtbogen, der häufig abreißt, und ein hoher Spritzverlust. Ihre Abschmelzgeschwindigkeit ist durchweg geringer als bei umhüllten Elektroden.

Beim Schweißen mit nackten Elektroden kann der Sauerstoff und Stickstoff der Luft ungehindert an das Schmelzbad herantreten. Dies wirkt sich auf die Eigenschaften der Naht ungünstig aus. Die mit nackten Elektroden geschweißten Nähte haben nur geringe Dehnung und sind nicht schmiedbar. Ihr Bruchgefüge ist grobkörnig und ihre Oberfläche rauh und gewölbt, so daß am Übergang zum Werkstoff leicht Kerben auftreten. Aus all diesen Gründen eignet sich die nackte Elektrode nicht für wechselnd beanspruchte Bauteile, wie Brücken- und Kranträger sowie Maschinenteile. Dagegen ist sie für vorwiegend ruhend beanspruchte Konstruktionen brauchbar. Für die Schweißarbeit ist zu bemerken, daß bei nackten Elektroden der Lichtbogen stärker bläst als bei umhüllten.

Selenelektroden. Der nichtmetallische Kern stabilisiert den Lichtbogen, so daß sich Seelenelektroden auch mit Wechselstrom verschweißen lassen und bei Gleichstrom einen ruhigeren Lichtbogen ergeben als nackte Elektroden. Seelenelektroden können, ebenso wie nackte Elektroden, in jeder Lage verschweißt werden, sie haben aber geringere Spritzverluste und ergeben glattere Schweißnähte. Mit Seelenelektroden hergestellte Schweißungen haben höhere Dehnungswerte und sind schmiedbar.

Dünnumhüllte Elektroden sind mit einer Überzugsmasse umgeben, die meist durch Tauchen aufgebracht wird und, wie der nichtmetallische Kern der

---

[1] Vgl. auch K. Liedloff: Schweißelektroden. Der Elektroschweißer 1938 S. 17 u. 30.

Seelenelektroden, den Lichtbogen stabilisiert. Sie können ebenfalls mit Wechselstrom verschweißt werden. Die Zusammensetzung der Umhüllungsmasse ist in der Regel Fabrikgeheimnis der Herstellerfirmen. Von einem Selbsttauchen ist abzuraten. Dünnumhüllte Elektroden können ebenfalls in jeder Lage verschweißt werden. Bezüglich ihrer Schweißeigenschaften sowie der Gütewerte der mit ihnen geschweißten Nähte sind sie den Seelenelektroden gleichzusetzen.

Der Preis der dünnumhüllten und Seelen-Elektroden ist etwa der doppelte gegenüber nackten Elektroden.

Dickumhüllte Elektroden. Diese sind entweder mehrmals in eine Überzugsmasse getaucht, oder die Umhüllungsmasse wird heute, um größte Gleichmäßigkeit zu erzielen, meist maschinell auf den Metallstab gepreßt. Man bezeichnet solche Elektroden auch als „Preßmantelelektroden". Seltener sind Elektroden, die mit Asbest oder anderen getränkten Faserstoffen umwickelt sind und nachträglich getaucht werden können.

In ihren Schweißeigenschaften sowie in der Güte der mit ihnen hergestellten Schweißnähte unterscheiden sich dickumhüllte Elektroden erheblich von den nackten, dünnumhüllten und Seelenelektroden. Bei ihnen sind insbesondere folgende Punkte hervorzuheben:

a) Die verbrennende Umhüllung bildet einen Gasmantel um den Lichtbogen, der ihn und das übergehende flüssige Metall vor dem Sauerstoff und Stickstoff der Luft schützt.

b) Beim Abschmelzen legt sich die Umhüllung als Schlacke auf das flüssige Nahtmetall und schützt dieses vor zu schneller Erkaltung, ebenso auch vor dem Sauerstoff und Stickstoff der Luft. Verunreinigungen im Schmelzbad sowie etwaige Gaseinschlüsse können sich vor der Erstarrung ausscheiden. Dickumhüllte Elektroden ergeben im Gegensatz zu den bisher besprochenen Sorten Schweißnähte mit feinkörnigem Gefüge und guten Dehnungswerten, die zwischen 18 und 28% liegen.

c) Aus der Umhüllung werden dem Schmelzbade Stoffe zugeführt, die z. T. im Lichtbogen verbrennen, insbesondere Kohlenstoff und Mangan. Hierdurch werden bei der Schweiße dieselben Gütewerte wie beim Grundwerkstoff erreicht.

Dickumhüllte Elektroden ergeben glatte Schweißnähte, die allmählich zum Werkstück übergehen. Dies ist besonders bei wechselnd beanspruchten Bauteilen sehr wichtig[1].

Ihrer allgemeinen Verwendung steht entgegen ihr hoher Preis, etwa der vierfache gegenüber nackten Elektroden, der jedoch z. T. durch eine höhere Schweißgeschwindigkeit wieder ausgeglichen wird. Zum großen Teil können sie wegen des hohen Flüssigkeitsgrades der Schweiße nur waagerecht verschweißt werden; es gibt aber auch dickumhüllte Elektroden für Senkrecht- und Überkopfschweißungen.

Mitteldick umhüllte Elektroden haben ähnliche Schweißeigenschaften wie dickumhüllte; sie sind aber zähflüssiger als diese und eignen sich besonders zur Schweißung von Senkrechtnähten von oben herunter.

d) Polung der Elektroden. Beim Schweißen mit Gleichstrom werden nackte, dünnumhüllte und Seelenelektroden durchweg mit dem Minuspol, dickumhüllte Elektroden dagegen meist mit dem Pluspol verschweißt. Es gibt auch dickumhüllte Elektroden, bei denen die Polung gleichgültig ist. Um Fehlschweißungen zu vermeiden, sind bezüglich des Polanschlusses immer die Vorschriften der Lieferfirmen zu beachten. Falsche Polung führt zu schlechtem Einbrand. Bei Wechselstrom besteht keine Polarität.

---

[1] Vgl. auch „Leichte Kehlnaht" S. 44.

e) Haltung der Elektrode. Nackte Elektroden spannt man mit der Mitte in die Schweißzange ein. Hierdurch wird die Haltung vereinfacht und die Elektrode nicht so leicht glühend. Dies gilt auch für dünnumhüllte Elektroden. Die Entfernung der Umhüllung an der Einspannstelle ist nicht erforderlich, bei Wechselstrom sogar zu vermeiden, da sonst an dieser Stelle der Lichtbogen infolge Fehlens der Stabilisierungsmasse aussetzt. Mitteldick- und dickumhüllte Elektroden können nur am freien Ende eingespannt werden. (Elektrodenlänge meist 450 mm ab 3 mm $\varnothing$.)

Die Zündung des Lichtbogens erfolgt nach Einstellung der Schweißmaschine auf die erforderliche Kurzschlußstromstärke bzw. Leerlaufspannung in der Regel durch Tupfen, d. h. man berührt mit der Elektrode kurz das Werkstück und zieht sie dann um die erforderliche Lichtbogenlänge wieder hoch. Als Regel gilt: Lichtbogenlänge = Elektrodendurchmesser. Ein Zünden durch Streichen ist weniger zu empfehlen, da auf dem Werkstück außerhalb der Naht Einbrandspuren zurückbleiben.

Eine neue, in Holland entwickelte Elektrode [1] mit stark leitender dicker Umhüllung läßt sich automatisch zünden und kann beim Schweißen in ständiger Berührung mit dem Werkstück gehalten werden (Berührungsschweißung). Bei ihr ist außerdem die Ausnutzung der Wärmeenergie des Lichtbogens größer als bei normalen Elektroden.

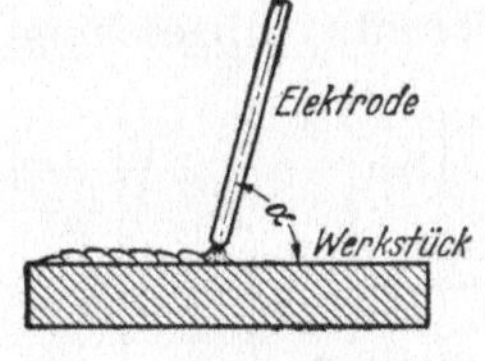

Abb. 54.
Haltung der Elektrode.

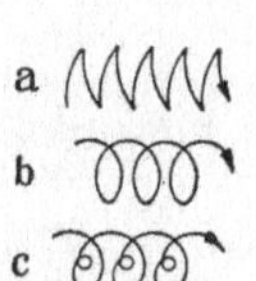

Abb. 55.
Führung der Elektrode beim Lagenschweißen von Stumpfnähten.

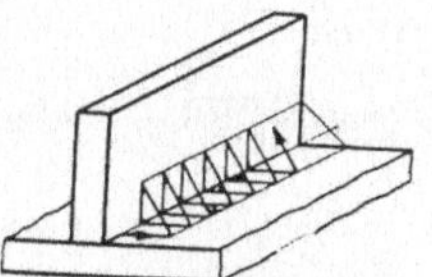

Abb. 56. Führung der Elektrode beim Schweißen von Kehlnähten.

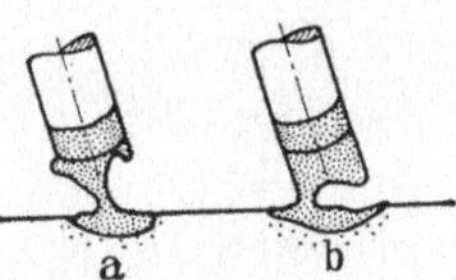

Abb. 57. Werkstoffübergang im Lichtbogen. *a* fadenförmiger Tropfen, *b* pilzförmiger Tropfen.

Der Neigungswinkel α der Elektrode zum Werkstück (Abb. 54) beträgt bei nackten, dünnumhüllten und Seelenelektroden etwa 75°, bei dünnumhüllten Elektroden z. T. auch 45°. Bei dickumhüllten Elektroden schwankt der Neigungswinkel zwischen 45 und 90°. Auch hierüber machen die Elektrodenfirmen genaue Angaben. Außerdem muß, besonders beim Schweißen mit Gleichstrom, die Blaswirkung des Lichtbogens berücksichtigt werden. Nackte, dünnumhüllte und Seelenelektroden werden mit etwas vorblasendem Lichtbogen verschweißt. Hierdurch wird die offene Schweißfuge vorgewärmt und der Einbrand verbessert. Bei dickumhüllten Elektroden muß dagegen der Lichtbogen immer auf die Naht blasen, um die Schlacke auf diese zu treiben. Umgekehrt würde die Schlacke vorlaufen und in die Nahtwurzel eingeschlossen werden.

f) Führung der Elektrode. Bei der untersten Lage von Stumpfnähten wird die Elektrode in gerader Linie geführt, bei weiteren Lagen und Auftragsschweißungen wähle man die zickzackförmige Bewegung nach Abb. 55a. Die kreisende Bewegung nach Abb. 55b ist für waagerechte Nähte ungünstig, da sie leicht zu Überhitzungen führt. Für Senkrechtschweißungen kann die Zickzackbewegung nach Abb. 55a angewandt werden. Überkopfschweißungen werden mit der doppelten Schleifen-

---

[1] P. C. van der Willigen: Berührungs-Lichtbogenschweißung. Iron Age 1946, S. 58, ferner Bericht Zeyen: Berührungs-(Kontakt-)Lichtbogenschweißung. Werkstatt u. Betrieb 1948, S. 221.

bewegung nach Abb. 55c ausgeführt. Für Kehlnähte wählt man die Führung nach Abb. 56.

g) Werkstoffübergang im Lichtbogen. Dieser ist von der Elektrode abhängig. Bei nackten, dünnumhüllten und Seelenelektroden erfolgt er in Tropfenform, bei dickumhüllten Elektroden z. T. in Form eines Sprühregens. Die Tropfen haben, wie durch Zeitdehner-Filmaufnahmen festgestellt worden ist, eine faden- oder pilzförmige Gestalt (Abb. 57). Bei pilzförmigen Tropfen tritt eine Verdickung des Elektrodenendes ein, der Übergang zum Werkstück erfolgt oft explosionsartig. Die Zahl der übergehenden Tropfen schwankt zwischen 7 und 2000 in der Sekunde.

6. Vorbereitung der Werkstücke zum Schweißen. Die Nahtarten.

a) Stumpfnähte. Die in Abb. 58a dargestellte Bördelnaht kommt nur für die Kohle - Lichtbogenschweißung und Blechdicken unter 2 mm in Frage. Bleche bis zu 5 mm Dicke erfordern keine Abschrägung der Kanten; sie werden, je nach Dicke, mit 0,5—1,5 mm Zwischenraum verschweißt (Abb. 58b). Bei dünnen Blechen legt man zweckmäßig eine Kupferschiene nach Abb. 58c unter die Naht. Hierdurch wird die Rückseite sauberer.

Bleche von 5—15 mm erhalten einseitig abgeschrägte Kanten nach Abb. 58d (V-Naht), über 15 mm Blechdicke müssen die Kanten beiderseits abgeschrägt

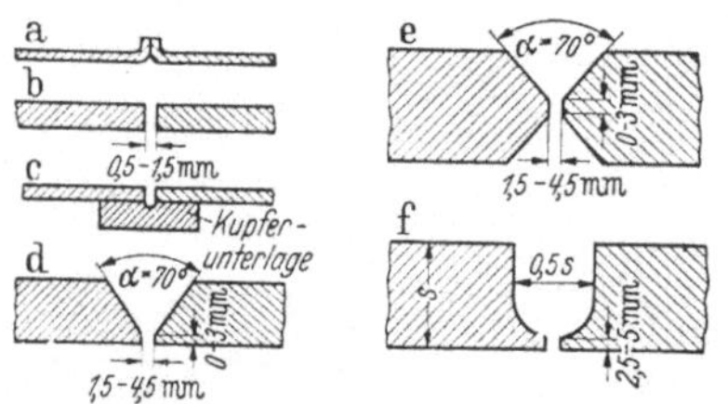

Abb. 58. Vorbereitung der Stumpfnähte.

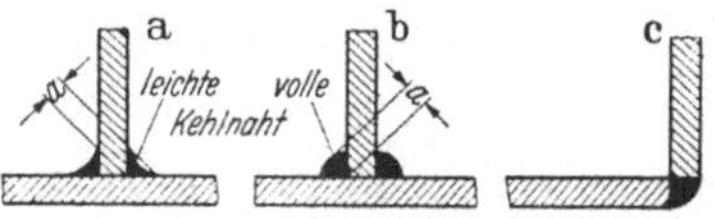

Abb. 59. Kehlnähte.

werden, es entsteht die X-Naht nach Abb. 58e. Dieselbe kann auch schon bei 12 mm-Blechen angewandt werden. Der Einschweißwinkel beträgt bei der V- und X-Naht 70°. Die X-Naht ist technisch und wirtschaftlich besser als die V-Naht. Die Schrumpfung der Schweiße ist geringer und der Nahtquerschnitt ist nur halb so groß wie bei der V-Naht. Läßt sich die X-Naht nicht schweißen, z. B. wegen Unzugänglichkeit der Rückseite, dann wendet man bei dicken Blechen die U- oder Tulpennaht an, die in Abb. 58f angegeben ist. Sie hat den Vorteil einer gleichmäßigen Schrumpfung über den ganzen Querschnitt; demgegenüber besteht aber der Nachteil, daß die Blechkantenbearbeitung nicht wie bei der V- und X-Naht durch Brennschneiden, sondern nur durch Hobeln erfolgen kann.

b) Kehl- und Ecknähte. Sie dienen zur Verbindung senkrecht zueinander oder übereinander liegender Werkstücke. Anwendungsbeispiele sind in Abb. 59a bis c dargestellt. Die Blechkanten bedürfen nur in besonderen Fällen der Vorbereitung, z. B. bei den Blechträgern nach Abb. 76 S. 53. Hinsichtlich der Form der Kehlnaht unterscheidet man zwischen der vollen Kehlnaht (Abb. 59b) und der leichten Kehlnaht (Abb. 59a). Letztere ist für T-Stöße an wechselnd beanspruchten Bauteilen günstiger. Abb. 59c stellt eine Ecknaht dar.

7. Schweißung der Nähte.

Die an den Schweißstellen von Rost, Zunder und Farbe gereinigten Einzelteile werden genau zusammengelegt, nach Möglichkeit durch geeignete Vorrichtungen in ihrer Lage gehalten und durch Heftpunkte miteinander verbunden. Die Entfernung der Heftpunkte richtet sich nach der Dicke des Werkstoffes.

Vor Beginn der Schweißung muß die Stromstärke nach der Werkstoffdicke und dem Elektrodendurchmesser richtig eingestellt werden. Zu geringe Stromstärke ergibt schlechten Einbrand. Ist der Strom für das Blech zu hoch, dann wird es überhitzt oder brennt gar durch; ist er für die Elektrode zu hoch, so wird diese glühend, die Schweiße brennt nicht mehr ein. Für nackte Elektroden kann nachstehende Tabelle als Anhalt dienen. Man bestimmt zuerst die Stromstärke nach der Blechdicke und entnimmt dann aus der Tafel den passenden Elektrodendurchmesser. Bei umhüllten Elektroden richtet man sich am besten nach den Angaben der Lieferfirmen. Dickumhüllte Elektroden werden mit höherer Stromstärke und Spannung verschweißt als nackte, dünnumhüllte oder Seelenelektroden. Kehlnähte vertragen wegen ihres größeren Wärmeableitungswinkels (270°) etwas höhere Stromstärken als Stumpfnähte mit nur 110° Wärmeableitungswinkel. Schließlich können große Werkstücke mit mehr Strom belastet werden als kleine.

Blechdicke mm	Stromstärke A	Elektrodendurchmesser mm
2	bis 60	2
3	„ 90	3
4	„ 120	3,25—4
5	„ 150	4
7	„ 170	5
10	„ 190	5
12	„ 210	5
15	„ 220	5—6
20	„ 230	6

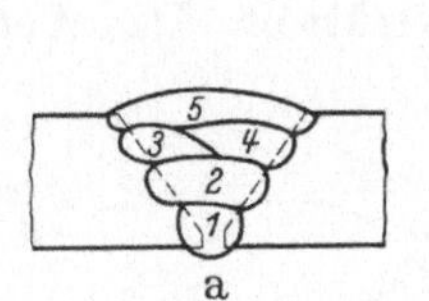
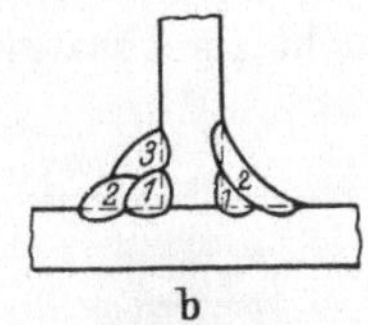

Abb. 60. Mehrlagenschweißung.

Nähte bis zu 6 mm Dicke können in einer Lage geschweißt werden. Hierüber hinaus wendet man die Mehrlagenschweißung an, die in Abb. 60a für Stumpfnähte und in Abb. 60b für Kehlnähte angegeben ist. Vor dem Schweißen jeder neuen Lage muß die darunterliegende von Schlacken und losen Metallspritzern gereinigt werden. Die unterste Lage (1) wird zwecks guten Durchschweißens in der Nahtwurzel zweckmäßig mit einer dünneren Elektrode gezogen; die Decklage bei Stumpfnähten (5) wird möglichst in einer Breite aufgetragen, um Kerben zu vermeiden.

8. Beachtenswerte Punkte beim Schweißen.

Am wichtigsten ist der Einbrand, d. i. die innige Verschmelzung von Schweißnaht und Werkstück. Eine Schweißung mit schlechtem Einbrand ist wertlos! Schlechter Einbrand kommt durch zu geringe Stromstärke, zu schnelle Vorwärtsbewegung der Elektrode und zu langen Lichtbogen. Hier gilt die Regel: Lichtbogenlänge = Elektrodendurchmesser. Auch falsche Polung der Elektrode (vgl. S. 42) kann die Ursache schlechten Einbrandes sein.

Kerben am Übergang zwischen Schweißnaht und Werkstück können, besonders bei wechselnder Beanspruchung, sehr gefährlich werden und müssen unter allen Umständen vermieden werden! Kerben bei Stumpfnähten zeigt Abb. 61a.

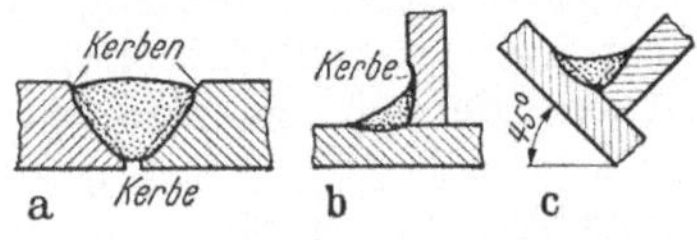

Abb. 61. Kerben am Übergang der Schweißnaht zum Werkstück.

Sie entstehen in der Nahtwurzel infolge schlechten Durchschweißens (zu dicke Elektrode) und an der Oberseite der Naht infolge ungenügenden Aufschweißens. Bei Kehlnähten treten sie beim Schweißen mit dickumhüllten Elektroden und bei waagerechter Lage des Werkstückes dadurch auf, daß die Schweiße aus dem eingebrannten senkrechten Blech nach unten fließt (Abb. 61b). Die Abhilfe besteht in der Neigung des Werkstückes unter 45° nach Abb. 61c oder Verwendung von Sonderelektroden, bei denen auch in waagerechter Lage des Werkstückes Kerben vermieden werden.

Schlackennester an der Nahtoberfläche kommen beim Schweißen mit dickumhüllten Elektroden und zu geringer Stromstärke vor. Schlackeneinschlüsse im Innern der Naht, ebenso gefährlich wie Schlackennester, treten auch besonders bei dickumhüllten Elektroden auf und sind auf falsche Elektrodenhaltung oder falsche Blasrichtung des Lichtbogens zurückzuführen.

C. Die gas-elektrische Schweißung.

Bei den gas-elektrischen Schweißverfahren, von denen die Arcatomschweißung eine praktische Bedeutung erlangt hat, wird der Lichtbogen von einer Gashülle umgeben, die ihn und das Schmelzbad vor dem Sauerstoff und Stickstoff der Luft schützen soll, ähnlich der Gashülle bei den dickumhüllten Elektroden.

Bei der Arcatomschweißung wird der Lichtbogen zwischen zwei spitzwinklig zueinander stehenden, in Ringdüsen eingespannten Wolfram-Elektroden von 1,5—3 mm Dicke gezogen. Diese brennen wenig ab und dienen nur als Stromleiter, nicht als Zusatzwerkstoff. Das Werkstück selbst ist, wie beim Zerener-Verfahren, nicht in den Stromkreis eingeschaltet. Bei dickeren Blechen von 4 mm an wird Zusatzdraht verwandt, dünnere Bleche können ohne Zusatzwerkstoff verschweißt werden. Das Schema der Arcatomschweißung stellt Abb. 62 dar.

Der aus den Ringdüsen austretende, die Elektroden und den Lichtbogen umgebende Wasserstoff hat folgende Wirkung:

1. schützt er Lichtbogen und Schmelzbad vor dem Sauerstoff und Stickstoff der Luft;

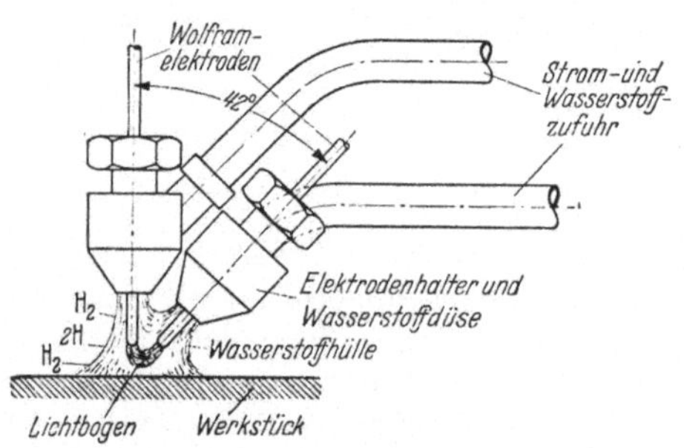

Abb. 62. Schema des Arcatom-Lichtbogens.

2. spalten sich an den Elektrodenspitzen die Wasserstoffmoleküle unter Aufnahme von Wärme in je 2 Atome. Am Rande des hufeisenförmigen Lichtbogens vereinigen sich die Atome wieder zu Molekülen und geben die vorher aufgenommene Wärme wieder ab. Am Rande des Lichtbogens herrscht eine Temperatur von etwa 4000°. Durch die hohe Wärmekonzentration wird die Schweißgeschwindigkeit gegenüber der normalen Lichtbogenschweißung erhöht.

Die Spannungen sind höher und die Stromstärken geringer als bei der normalen Lichtbogenschweißung. Es wird nur mit Wechselstrom geschweißt. Die Vorbereitung der Blechkanten ist dieselbe wie bei der Gasschmelzschweißung, auch wird derselbe Zusatzdraht wie bei dieser verwendet.

Das Arcatomverfahren kann für sämtliche Stähle, auch Sonderstähle und Blechdicken von 1 bis etwa 10 mm angewandt werden; bei dickeren Blechen besteht die Gefahr der Porenbildung. Die Schweißnähte sind glatt und ohne seitliche Einbrandkerben und haben hohe mechanische Gütewerte.

Von den Nichteisenmetallen sind vor allem Messsing, Bronze und sämtliche, also auch seewasserfeste Leichtmetalle mit diesem Verfahren sehr gut schweißbar. Für Kupfer wird es nur in Sonderfällen angewandt, für Gußeisen ist es weniger geeignet. Das Verfahren ist auch für selbsttätige Schweißung ausgebildet[1].

<hr>

[1] E. Thiemer: Das Arcatom-Schweißverfahren und seine maschinelle Anwendung. Elektroschweißung 1939, S. 43.

D. Das Schweißverfahren nach Weibel[1].

Auch hier liegt ein elektrisches Schmelzschweißverfahren vor, bei dem aber kein Lichtbogen auftritt und das mit keinem der anderen Verfahren unmittelbar zu vergleichen ist. Das Schema ist in Abb. 63 dargestellt. In einem besonderen Elektrodenhalter, dessen einer Teil fest und dessen anderer um seine Längsachse drehbar ist, sind zwei einseitig abgeflachte Kohleelektroden. Diese werden zu-

nächst an ihren Spitzen kurz geschlossen und dadurch auf helle Rotglut bis Weißglut erhitzt. Dann läßt man sie auseinandergehen und führt nach Abb. 63 die Bördelränder der zu schweißenden Bleche zwischen die glühenden Spitzen, durch deren Hitze die Bleche an der Stelle a auf Schmelzhitze gebracht werden. Bei b dringen die Elektroden in die aufgeweichten Bördelränder ein. Die Bewegung der Elektroden wird erst durch die Abschrägung ihrer Kanten ($2\alpha = 30°$) erreicht.

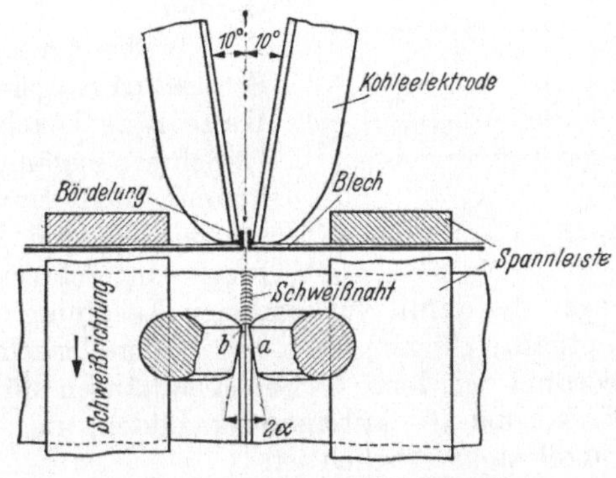

Abb. 63. Schema der Weibel-Schweißung.

Das Verfahren, das vorwiegend zum Schweißen von Leichtmetallblechen bis zu 2 mm dient — die Unterseiten der Bleche werden hier mit Flußmittel dünn bestrichen — arbeitet mit Wechselstrom von 80—300 A und 3,5—8 V, die Schweißgeschwindigkeiten liegen zwischen 0,5 und 1,5 m/min. Die erreichten Festigkeitswerte sind gut. — Außer Leichtmetallen können auch Blei- und Zinkbleche bis 1,5 mm Dicke und Kupferbleche zwischen 0,1 und 0,8 mm Dicke geschweißt werden.

V. Entwurf, Berechnung und Ausführung geschweißter Bauteile.

A. Beurteilung der Schweißnähte.

Bei Stumpfnähten (Abb. 64) wird der Kraftfluß im Gegensatz zu Kehlnahtverbindungen, bei denen an den Stellen A Kerbwirkungen auftreten (Abb. 65), nicht umgelenkt. Darin liegt ein erheblicher technischer Vorteil der Stumpfnaht. Ein

gehende Versuche haben ihre Überlegenheit bei dynamisch beanspruchten Bauteilen, insbesondere bei Brücken, bewiesen. Von den Kehlnähten verdient die leichte Kehlnaht oder Hohlkehlnaht (Abb. 74f) wegen ihres allmählichen Überganges

Abb. 64. Kraftfluß bei Stumpfnähten.

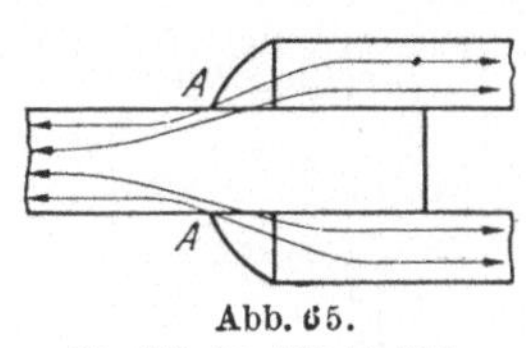

Abb. 65. Kraftfluß bei Kehlnähten.

zum Werkstück gegenüber der vollen Kehlnaht (Abb. 74e) den Vorzug. Nach der Art der Beanspruchung unterscheidet man Stirnkehlnähte, die senkrecht zur Kraftrichtung liegen und Flankenkehlnähte, die parallel zur Kraftrichtung liegen. In Abb. 66 ist die Naht a eine Stirnkehlnaht, die Nähte b sind Flankenkehlnähte. Weiter sind noch zu nennen: Durchlaufende Kehlnähte (Abb. 67a), unterbrochene

---

[1] E. v. Rajakowics: Erfahrungen mit einem neuen Schmelzverfahren für dünne Bleche. Maschinenbau/Der Betrieb 1939, S. 395, ferner: K. Gabler: Das FESA-Schweißverfahren, System Weibel. Metallwirtschaft 1939, S. 817.

Kehlnähte (Abb. 67 b) und Schlitzkehlnähte (Abb. 67 c). Unterbrochene Kehlnähte dürfen als tragende Nähte nur bei vorwiegend ruhend beanspruchten Teilen angewandt werden, bei denen keine Rostgefahr vorliegt. Schlitzkehlnähte kommen bei Blechüberlappungen vor. Sie sind, ebenso wie unterbrochene Kehlnähte, in dynamischer Hinsicht ungünstig und möglichst zu vermeiden; bei Brücken dürfen sie nicht angewendet werden.

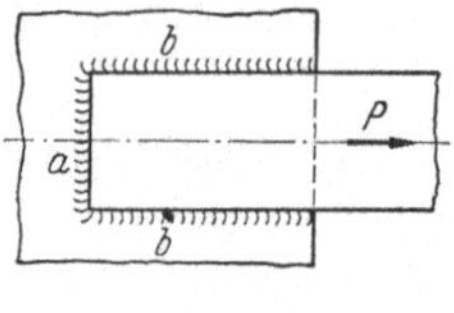

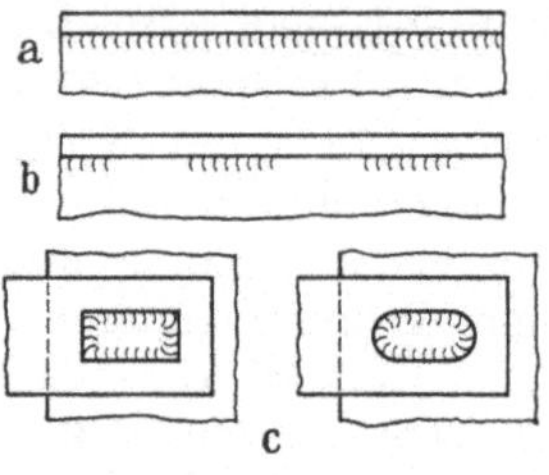

Abb. 67.
Anordnung von Kehlnähten.

Für die Anordnung der Schweißnähte sind folgende Regeln zu beachten:
1. Schwer zugängliche Nähte können nicht einwandfrei geschweißt werden. 2. Eine Häufung von Schweißnähten ist

Abb. 66.
Stirn- und Flankenkehlnähte.

wegen der damit verbundenen Erhöhung der Kerbgefahr zu vermeiden. 3. Überkopfnähte dürfen, auch bei Baustellenschweißungen, nur in Ausnahmefällen angeordnet werden. 4. Bei Kehlnähten dürfen die Nahtschenkel keinen kleineren Winkel als 70° miteinander bilden, da sonst ein Durchschweißen in der Nahtwurzel nicht möglich ist.

B. Schrumpfungen und Schrumpfspannungen.

Beim Erkalten ziehen sich die Schweißnaht und die durch die Schweißwärme erhitzten Teile des Werkstückes zusammen, sie schrumpfen. Die Schrumpfung tritt einmal quer zur Naht auf (Querschrumpfung) und einmal längs der Naht (Längsschrumpfung). Sind die Werkstücke nicht eingespannt, so treten Schrumpfungen auf, wie sie in Abb. 68 a—c veranschaulicht sind. Bei der symmetrischen X-Naht tritt gegenüber der einseitigen V-Naht keine oder nur eine geringe Schrumpfung auf. Das waagerechte Blech in Abb. 68 c wird sich um so mehr verziehen, je dünner es selbst und je dicker die Schweißnaht ist, also je mehr Wärme in das Werkstück im Verhältnis zum Trägheitsmoment seines Querschnittes hineingebracht ist.

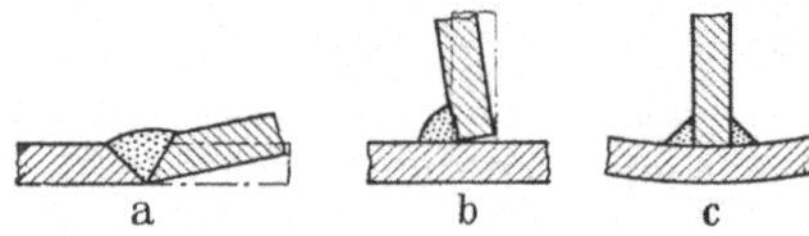

Abb. 68. Wirkung der Querschrumpfung.

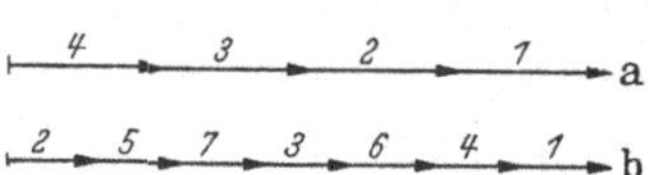

Abb. 69. Absatzweises Schweißen.

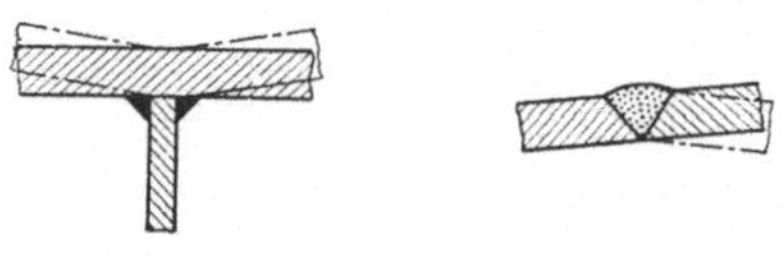

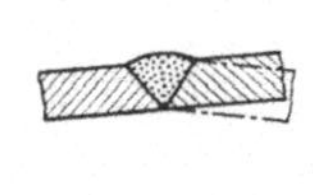

Abb. 70. Vorverformung
eines Gurtes.

Abb. 71.

Können sich die Bauteile nicht frei bewegen, sind also eingespannt, so ist die Schrumpfung wesentlich geringer, aber die Schrumpfspannungen nehmen erheblich zu, so daß in den Nähten Risse auftreten können.

Schrumpfspannungen treten infolge behinderter Bewegungsmöglichkeit durch die bereits geschweißte Naht immer auf, auch bei anfänglich frei beweglichen Werkstücken. Hier sind sie jedoch gering, während die Schrumpfungen ihren Größtwert erreichen. Umgekehrt sind bei starr eingespannten Werkstücken die Schrumpfungen klein und die Schrumpfspannungen hoch.

Mittel zur Veringerung der Schrumpfungen bzw. Verwerfungen sind: 1. Wenig Wärme in das Werkstück bringen durch absatzweises Schweißen, entweder nach dem Verfahren der schrittweisen Schweißung oder Pilgerschrittschweißung (Abb. 69a) oder der sprungweisen Schweißung (Abb. 69b). Die Zahlen geben die Reihenfolge der Teilnahtlängen an, die für Stahl je nach Blechdicke und Nahtlänge bei der Pilgerschrittschweißung 100—400 mm, bei der sprungweisen Schweißung 50—200 mm betragen. Der Vorteil des letzteren Verfahrens liegt in einer guten Wärmeverteilung über eine lange Naht. — 2. Heften der Werkstücke. — 3. Bei kleineren Werkstücken Festspannen auf starrer Unterlage. — 4. Anwendung geeigneter Nahtformen, z. B. X - oder U-Naht anstatt V-Naht. — 5. Vorverformung des Werkstückes derart, daß es durch die Schrumpfung die ursprüngliche Form wiedererhält. So wird der in Abb. 70 dargestellte, vorverformte Blechträgergurt durch die Schrumpfung der Kehlnähte wieder gerade gerichtet. — 6. Kleinere Stücke, z. B. stumpf anzuschweißende Knotenbleche nach Abb. 71, werden vor dem Schweißen mit entgegengesetztem Schrumpfungswinkel angesetzt und kommen durch die Schrumpfung in die richtige Lage. — 7. Nachrichten durch Hämmern oder Erwärmen.

Die Schrumpfspannungen und somit die Rißgefahr können verringert werden durch: 1. Ausglühen des ganzen Stückes nach dem Schweißen (Spannungsfreiglühen oder Normalglühen). Hierdurch wird es spannungsfrei; ein Nachrichten im glühenden Zustande ist möglich. Dieses Verfahren ist bei kleineren Werkstücken mit verhältnismäßig viel Schweißnähten zu empfehlen. — 2. Vorwärmen, Wärmen bereits geschweißter Nahtabschnitte oder Nachwärmen mit dem Schweißbrenner, letzteres auch zur Beseitigung von Ausbeulungen in Blechen. — 3. Hämmern der warmen Naht oder Hämmern des Werkstückes neben der Naht nach der Schweißung.

C. Allgemeine Berechnung von Schweißnähten.

Für die Berechnung von Schweißverbindungen auf Zug, Druck oder Abscheren gilt:

$$\varrho = \frac{P}{F_{\text{schw}}} = \frac{P}{\Sigma(a \cdot l)} \leqq \varrho_{\text{zul}}$$

Hierin ist P die zu übertragende Kraft in kg, $F_{\text{schw}} = \Sigma(a \cdot l)$ der Querschnitt des gesamten Schweißanschlusses, a die Nahtdicke in cm, und zwar bei Kehlnähten die Höhe des dem Nahtquerschnitt eingeschriebenen gleichschenkligen Dreiecks, bei Stumpfnähten die Dicke der zu verbindenden Teile, bei verschiedenen Dicken die kleinere (Abb. 74b), l die Nahtlänge in cm ohne Endkrater, dessen Länge mindestens gleich der Nahtdicke a anzunehmen ist. Bei in sich geschlossenen Nahtgruppen, z. B. Schlitznähten, ist l die Gesamtlänge. Die zulässige Spannung ϱ_{zul} richtet sich nach der Nahtart, der Art der Beanspruchung und der für den zu verschweißenden Werkstoff zulässigen Spannung σ_{zul}. Nach den „Vorschriften für geschweißte Stahlhochbauten" DIN 4100 sind folgende Werte zulässig:

Nahtart	Art der Spannung	zul. Spannung ϱ zul
Stumpfnähte	Zug Druck Biegung[1] Abscheren	0,75 σ zul 0,85 σ zul 0,8 σ zul 0,65 σ zul
Kehlnähte (Stirn- und Flankenkehlnähte)	jede Spannungsart	0,65 σ zul

[1] Zug und Druck in auf Biegung beanspruchten Bauteilen.

Müssen Schweißnähte außer einer Auflagerkraft A noch ein Moment M übertragen, dann ist $\varrho_1 = M : W$; W ist das Widerstandsmoment der durch Umklappen der Nahtdicken a in die Anschlußebene entstehenden Fläche. Aus dem Auflagerdruck erhält man $\varrho_2 = \dfrac{A}{\Sigma(a \cdot l)}$. Die Gesamtspannung ergibt sich dann aus den senkrecht aufeinanderstehenden Einzelspannungen zu $\varrho = \sqrt{\varrho_1^2 + \varrho_2^2} \leqq \varrho_{zul}$.

Beispiele:

1. Ein Flachstab 60 · 8 nach Abb. 72 hat eine Kraft $P = 6200$ kg aufzunehmen und soll mit Kehlnähten von $a = 4$ mm angeschlossen werden. $\sigma_{zul} = 1400$ kg/cm². Für Kehlnähte ist $\varrho_{zul} = 0{,}65 \cdot 1400 = 910$ kg/cm². Die erforderliche Schweißnahtlänge ohne Endkrater ist $l = \dfrac{6200}{0{,}4 \cdot 910} \cong 17$ cm $= 170$ mm. Die Länge der Stirnnaht ist $l_1 = 60$ mm; für jede Flankennaht verbleiben dann $l_s = \dfrac{170 - 60}{2} = 55$ mm;

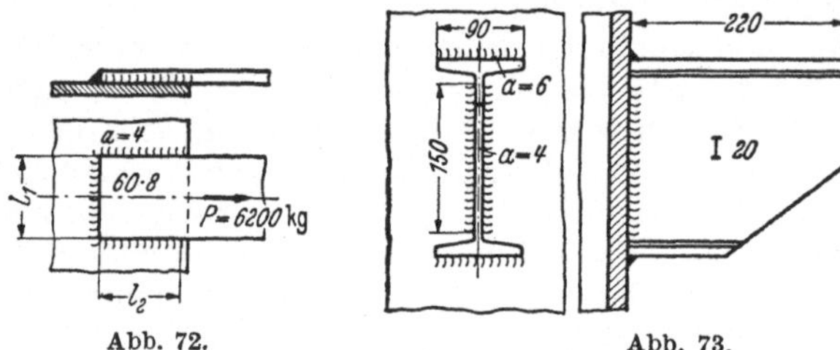

Abb. 72.   Abb. 73.

mit Zuschlag für die Kraterenden (4 mm) wird dann l_2 mit rd. 60 mm ausgeführt.

2. Ein Konsol aus einem I 20 wird nach Abb. 73 belastet und mittels Kehlnähten an einen anderen Bauteil angeschlossen. Wie groß ist die Beanspruchung der Schweißnähte, wenn $\sigma_{zul} = 1400$ kg/cm² ist?

Das von den Schweißnähten aufzunehmende Moment ist $M = 4000 \cdot 22 = 88000$ cmkg. Das Trägheitsmoment der in die Anschlußebene umgeklappten Schweißnähte ist

$$J_x = \frac{2 \cdot 0{,}4 \cdot (15 - 2 \cdot 0{,}4)^3}{12} + 2 \cdot 0{,}6 \cdot (9 - 2 \cdot 0{,}6) \cdot \left(10 + \frac{0{,}6}{2}\right)^2 = 191 + 990 = 1181 \text{ cm}^4$$

und das Widerstandsmoment

$$W_{x\,\text{schw}} = \frac{1181}{10 + 0{,}6} = 111 \text{ cm}^3$$

$\varrho_1 = \dfrac{88000}{111} = 794$ kg/cm². Der Querschnitt des Schweißanschlusses beträgt

$$F_{\text{schw}} = 2 \cdot 0{,}4 \cdot (15 - 2 \cdot 0{,}4) + 2 \cdot 0{,}6 \cdot (9 - 2 \cdot 0{,}6) = 11{,}36 + 9{,}36 = 20{,}72 \text{ cm}^2.$$

$$\varrho_2 = \frac{4000}{20{,}72} = 193 \text{ kg/cm}^2$$

$$\varrho = \sqrt{794^2 + 193^2} = 817 \text{ kg/cm}^2; \quad \varrho_{zul} = 0{,}65 \cdot 1400 = 910 \text{ kg/cm}^2.$$

Die Nahtdicke a soll bei Kehlnähten nach DIN 4100 im allgemeinen nicht größer als das 0,7 fache der kleinsten Blechdicke und nicht kleiner als 4 mm sein. Die kleinste rechnerische Kehlnahtlänge (ohne Endkrater) beträgt 40 mm; Flankenkehlnähte an Stabanschlüssen (vgl. Abb. 78 S. 53) sollen nicht länger als 40 a ausgeführt werden, da bei längeren Kehlnähten die Spannungsverteilung nicht gleichmäßig ist. Allgemein sollen die Kehlnähte gleichschenklig und nicht dicker ausgeführt werden, als die Berechnung ergibt. Nach Möglichkeit soll man bei lichtbogengeschweißten Kehlnähten mit einer Dicke von 6 mm auszukommen suchen; dickere Nähte müssen in mehreren Lagen geschweißt werden und sind dadurch teurer. Die längere und dünnere Kehlnaht ist der kürzeren und dickeren vorzuziehen, da die Tragfähigkeit nur im einfachen Verhältnis zunimmt, der Nahtquerschnitt und mit ihm annähernd die Kosten aber im Quadrate der Nahtdicke wachsen. Für die Gasschmelzschweißung sind Kehlnähte ungeeignet (vgl. S. 24).

Die angegebene Berechnungsart bezieht sich auf Bauteile mit vorwiegend ruhender Belastung. Maschinenteile mit wechselnder Belastung müssen auf Dauerhaltbarkeit berechnet werden [1].

D. Bezeichnung der Schweißnähte.

In den Zeichnungen werden die Schweißnähte durch besondere Sinnbilder [2] angegeben, von denen die wichtigsten in Abb. 74 zusammengestellt sind. Die Nähte werden nach der Nahtdicke a und der Länge l bezeichnet, so z. B. eine V-Naht von $a = 12$ mm und $l = 400$ mm mit $12 \cdot 400$ neben dem Nahtzeichen. Bei unterbrochenen Kehlnähten wird das Maß von Mitte zu Mitte Schweißstrich unter dem Nahtmaß angegeben, z. B. $\dfrac{6 \cdot 50}{110} =$ Kehlnähte von 6 mm Dicke und 50 mm Länge, deren Mitten um 110 mm entfernt sind. — Wenn bei den vorhergehenden und nachfolgenden Abbildungen die Schweißnähte größtenteils durch Schraffur dargestellt sind, so ist das aus Gründen der Deutlichkeit geschehen.

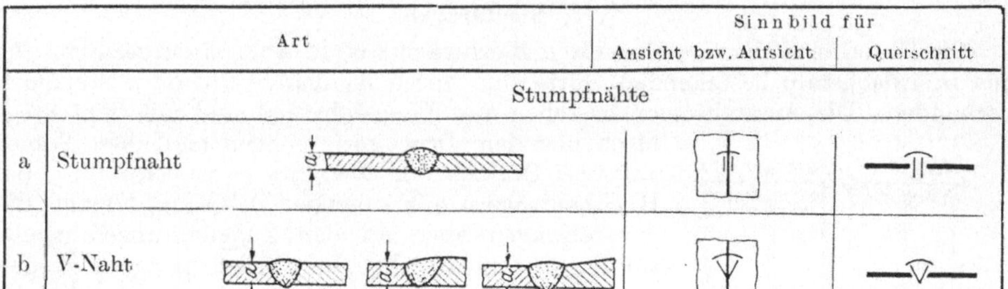

	Art		Sinnbild für	
			Ansicht bzw. Aufsicht	Querschnitt
	Stumpfnähte			
a	Stumpfnaht			
b	V-Naht			
c	X-Naht			
d	U-Naht			
	Kehlnähte			
e	Volle Kehlnaht durchlaufend			
f	Leichte Kehlnaht durchlaufend			

Abb. 74. Sinnbilder für Schweißnähte.

[1] Hänchen: Berechnung der geschweißten Maschinenteile auf Dauerhaltbarkeit. Elektroschweißung 1937, Heft 11 und 12.
[2] Vgl. auch DIN 1912, ferner Anlage zu DIN 4100.

E. Anwendung der Schweißung im Stahlbau.

Im Stahlbau können nach DIN 4100 die Lichtbogenschweißung (Gleich- oder Wechselstrom), die elektrische Widerstandsschweißung, die Gasschmelzschweißung und die gaselektrische Schweißung angewandt werden. Praktisch kommt jedoch hauptsächlich die Lichtbogenschweißung in Frage. Die Gasschmelzschweißung bringt mehr Wärme in das Werkstück und führt so leicht zu Verwerfungen. Auch für die Schweißung der im Stahlbau häufig vorkommenden Kehlnähte ist sie wenig geeignet. Dies gilt auch z. T. von der gaselektrischen Schweißung (Arcatomschweißung), die für normale Stahlbauten auch zu teuer sein dürfte. Die Widerstandsschweißung wird in Form der Punktschweißung für Bauteile aus leichteren Blechen und Walzprofilen, wie Türen, Blechverkleidungen usw. benutzt. Die Vorteile der Schweißung gegenüber der Nietung sind: 1. Wegfall der Nietschwächung in Zugstäben und Zuggurten von Blechträgern, daher volle Ausnutzung des Querschnittes. 2. Fortfall oder starke Verminderung der Knotenbleche bei Fachwerkträgern. 3. Fortfall der Anschlußelemente bei Trägerkonstruktionen. 4. Möglichkeit der Verwendung von Hohlprofilen, z. B. Rohren. 5. Verringerung der Rostgefahr durch Fortfall der Nietköpfe und Fugen zwischen den einzelnen Baugliedern.

1. Blechträger.

Die Grundform eines geschweißten Blechträgers ist in Abb. 75 dargestellt. Die aus Breitflachstahl bestehenden Gurte sind durch Kehlnähte mit dem Stegblech verbunden. Die Aussteifungen bestehen aus Flachstahl und sind mit dem Stegblech und dem Druckgurt — beim einfachen Träger auf zwei Stützen der Obergurt — verschweißt. Bei Hochbauträgern mit ruhender Belastung können die Aussteifungen auch an den Zuggurt angeschweißt werden (a), nicht aber bei Brückenträgern wegen der kerbenden Wirkung der Quernähte, die die Dauerfestigkeit herabsetzen (b).

Die Gurtnähte werden durch die Querkraft auf Abscheren beansprucht. Die Schubspannung zwischen Stegblech und Gurt beträgt $\tau = \dfrac{Q \cdot S}{J \cdot t}$ und die Schubkraft für 1 cm Trägerlänge $T = \tau \cdot t = \dfrac{Q \cdot S}{J}$. Hierin ist Q die an der untersuchten Trägerstelle wirkende Querkraft in kg, S das statische Moment eines Gurtquerschnittes, bezogen auf die Schwerlinie des Trägers in cm³, J das Trägheitsmoment des ganzen Querschnittes in cm⁴ und t die Stegblechdicke in cm.

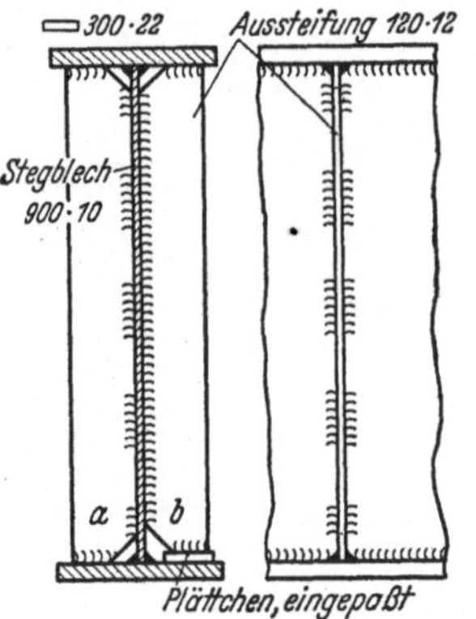

Abb. 75. Geschweißter Blechträger.

Wird die Schubkraft durch die beiden Kehlnähte aufgenommen, dann ist

$$T = 2 \cdot a \cdot \varrho = \frac{Q \cdot S}{J}; \; a \geq \frac{Q \cdot S}{2 \cdot J \cdot \varrho}.$$

Beispiel: Ein Blechträger mit den in Abb. 75 angegebenen Abmessungen hat eine Querkraft $Q = 80\,000$ kg aufzunehmen. Die Gurtnähte sind zu berechnen. σ zul $= 1400$ kg/cm².

Das Trägheitsmoment des Gesamtquerschnittes ist

$$J = \frac{90^3 \cdot 1{,}0}{12} + \frac{2 \cdot 30 \cdot 2{,}2^3}{12} + 2 \cdot 30 \cdot 2{,}2 \cdot 46{,}1^2 = 60\,750 + 53 + 281\,000 = 341\,803 \text{ cm}^4.$$

Das statische Moment einer Gurtplatte, bezogen auf die Schwerlinie des Trägers, ist $S = 30 \cdot 2{,}2 \cdot 46{,}1 = 3040 \text{ cm}^3$; $\varrho = 0{,}65 \cdot 1400 = 910 \text{ kg/cm}^2$; $a = \dfrac{80\,000 \cdot 3040}{2 \cdot 341\,803 \cdot 910}$ $= 0{,}39 \text{ cm}$; ausgeführt $a = 4 \text{ mm}$.

Bei unterbrochenen Gurtnähten, die nur bei Hochbauträgern angewandt werden dürfen, die nicht der Rostgefahr ausgesetzt sind, muß die errechnete Nahtdicke noch durch den Schwächungsfaktor = Strichlänge : Teilung der Strichnähte dividiert werden.

Für die Blechträgergurte sind verschiedene Sonderprofile entwickelt worden. Zu diesen gehört das Nasenprofil Abb. 76a, das den Zusammenbau erleichtert und auch schweißtechnische Vorteile besitzt, das Wulstprofil Abb. 76b und das ST-Profil Abb. 76c. Die beiden letzten Profile können mit dem Stegblech durch Stumpfnähte verschweißt werden und eignen sich gut für dynamisch beanspruchte Bauwerke. Durch Anschärfen des Stegbleches nach Abb. 76d kann auch unter Verwendung eines rechteckigen Gurtquerschnittes die Dauerfestigkeit wesentlich erhöht werden.

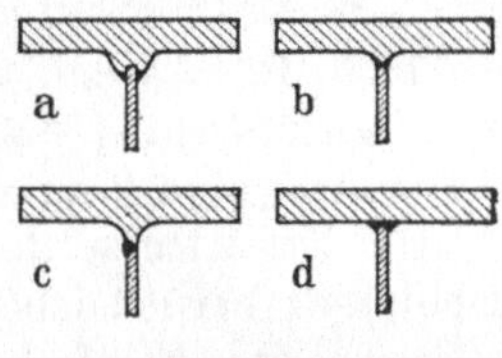

Abb. 76.
Gurte von Blechträgern.

Die Vorteile des geschweißten Blechträgers gegenüber dem genieteten sind: geringeres Gewicht, Verminderung der Rostgefahr wegen des Fehlens der Nietköpfe und Fugen, einfachere Überwachung und Instandhaltung. Die Gewichtsersparnis beträgt gegenüber dem genieteten Träger rd. 20%; dieselbe bedeutet, da die Werkstattkosten des geschweißten Trägers nicht höher sind als die des genieteten, eine entsprechende Senkung der Herstellungskosten.

2. Fachwerkträger.

Bei geschweißten Fachwerken können die Knotenbleche vielfach fortfallen, da sich durch die kurzen Schweißnähte meist ein unmittelbarer Anschluß an die Gurtstäbe ermöglichen läßt. Als Gurte verwendet man vorzugsweise Stäbe mit T-

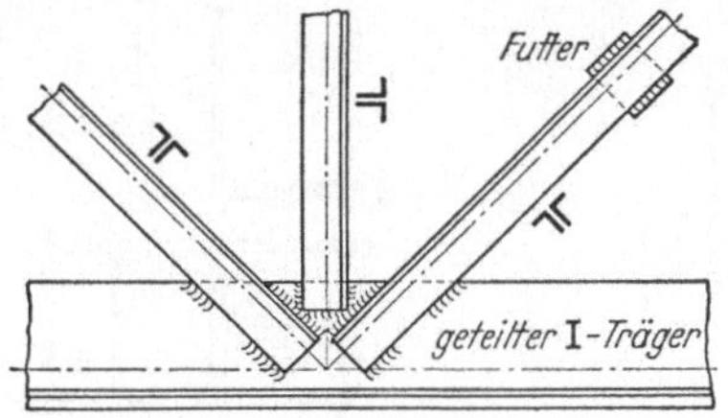

Abb. 77. Geschweißter Fachwerkknoten.

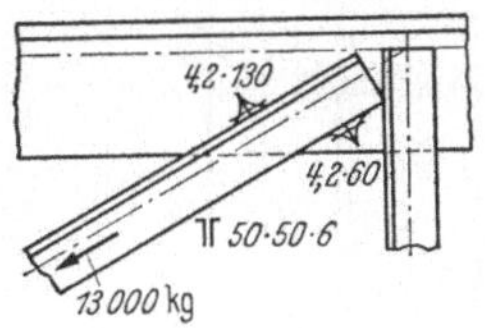

Abb. 78.

förmigem Querschnitt. Hochstegige ⊥-Profile nach DIN 1024 kommen für kleinere und mittlere Fachwerkträger in Frage. Nachteilig sind bei ihnen die geneigten Stegflächen. Für Zuggurte eignen sich halbierte I-Träger, für Druckgurte außermittig derart geteilte IP-Träger, daß die Trägheitsmomente in bezug auf beide Knickachsen annähernd gleich sind. In vielen Fällen können auch aus Flachstählen zusammengeschweißte T-Querschnitte vorteilhaft sein. Als Füllungsstäbe (Diagonalen und Vertikalen) benutzt man, wie beim genieteten Träger, vorwiegend Winkelstäbe oder zusammengeschweißte Profile mit +-Querschnitt, seltener T-Profile, da diese eine besondere Vorbereitung der Anschlußenden erfordern. Abb. 77 und 78 zeigen Beispiele für geschweißte Fachwerkknoten.

Die Schwerlinien der Stäbe sollen sich mit den Netzlinien des Fachwerkes decken; auch die Schwerlinie des Schweißanschlusses in Richtung der Stabachse soll mit der Schwerlinie des Stabes möglichst zusammenfallen.

Beispiel: Ein Zugstab aus ⌐ 50 · 50 · 6 ist mit $P = 13000$ kg belastet und soll mit Flankenkehlnähten angeschlossen werden (Abb. 78). σ zul $= 1400$ kg/cm².

Die zulässige Kehlnahtdicke beträgt $a = 0,7 \cdot 6 = 4,2$ mm. Bei ϱ zul $= 0,65 \cdot 1400 = 910$ kg/cm² ist insgesamt eine Nahtlänge von $\dfrac{13000}{0,42 \cdot 910} = 34$ cm erforderlich, auf einen Winkelstab entfallen $34:2 = 17$ cm. Damit die Schwerlinie des Anschlusses mit der Stabschwerlinie (Abstand 3,55 cm von der unteren Winkelkante) zusammenfällt, muß sein: $l_1 \cdot 5,0 = 17 \cdot 3,55$; $l_1 = \dfrac{17 \cdot 3,55}{5,0} = 12$ cm, $l_2 = 17 - 12 = 5$ cm. Unter Zuschlag beiderseitiger Kraterenden ergeben sich die auszuführenden Nahtlängen zu rd. 130 mm und 60 mm.

Der Anschluß kann durch Hinzufügung einer Stirnnaht noch verkürzt werden; bei der Ermittlung der Flankennahtlängen muß die Schwerlinie des Gesamtanschlusses berücksichtigt werden.

Durch den Fortfall der Knotenbleche und die bessere Ausnutzung der Zugstäbe lassen sich bei geschweißten Fachwerken gegenüber genieteten Gewichtsersparnisse bis zu 25% erzielen. Die Gewichte können durch die Verwendung von Rohren und Hohlprofilen noch weiter verringert werden; eine Verminderung der Herstellungskosten ist damit jedoch nicht zu erreichen.

3. Stützen und Portale.

Die Ausführung der Stützen, insbesondere der Stützenfüße, kann durch die Schweißung gegenüber der Nietung wesentlich vereinfacht werden. Bei leichteren Pendelstützen werden die entsprechend stark bemessenen Fußplatten nach Abb. 79 unmittelbar mit dem Stützenschaft verschweißt. Bei gefrästem Schaftende brauchen die Schweißnähte nur für ein Viertel der Stützenkraft bemessen zu werden.

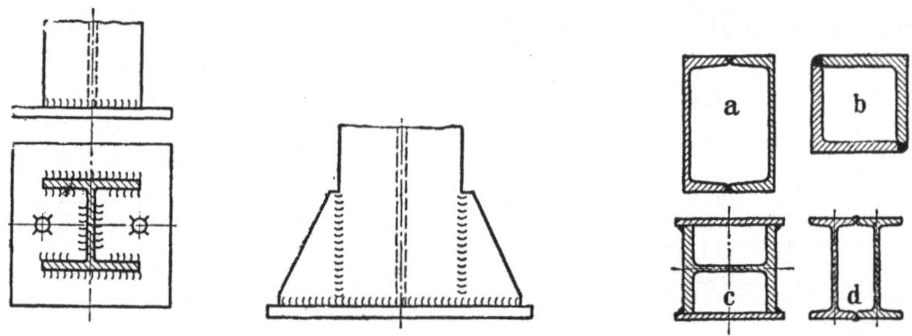

Abb. 79 und 80. Geschweißte Stützenfüße.   Abb. 81. Geschweißte Hohlprofile.

Die Füße schwerer Stützen werden nach Abb. 80 durch Anschweißen von Dreiecksblechen an die Flanschen des Stützenprofils verbreitert.

Der Stützenschaft kann auch aus mehreren Profilen zusammengeschweißt werden. Außer den in der Niettechnik üblichen Querschnittsformen können mit Hilfe der Schweißung auch Hohlquerschnitte mit hohen Trägheitshalbmessern erzeugt werden. Beispiele hierfür sind in Abb. 81 a bis d angegeben.

Rahmenecken und Knoten von Rahmenträgern, deren Durchbildung bei Nietverbindungen oft große Schwierigkeiten bereitet, lassen sich geschweißt, vielfach unter Verwendung von Walzträgern, recht einfach herstellen. Abb. 82 zeigt die Ecke eines aus IP-Trägern hergestellten Rahmens. Der untere Flansch des Riegels A ist bis zum Beginn der Rahmenecke vom Steg abgetrennt, abgebogen und nach Einschweißung des Dreieckbleches B auf richtige Länge abgeschnitten. Nach Ausschneiden des Riegelsteges auf die Breite des Pfostens C werden Riegel und Pfosten in der angegebenen Weise miteinander verschweißt.

Wie man mit Hilfe der Schweißung Walzträger knicken und verjüngen kann, zeigt Abb. 83a und b.

Es ist nicht immer erforderlich, daß bei einem Bauwerk sämtliche Verbindungen geschweißt werden. Auf der Baustelle können auch Anschlüsse oder gar Stöße genietet oder geschraubt werden, ohne hiermit die Vorteile der Schweißung auf

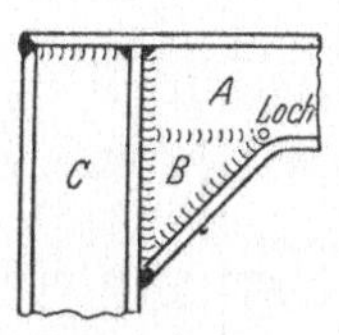

Abb. 82. Geschweißte Rahmenecke.

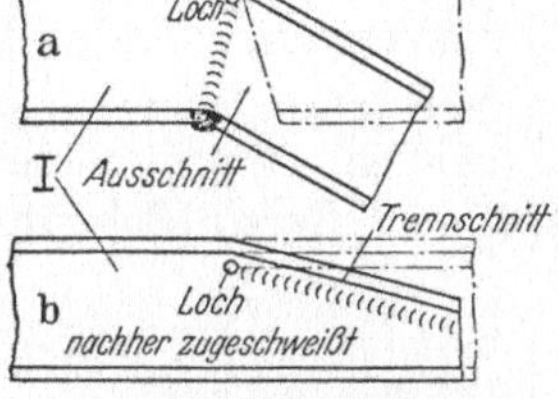

Abb. 83. Knickung und Verjüngung von Walzträgern.

zugeben. Die Schweißung auf der Baustelle ist schwieriger als in der Werkstatt und sehr von der Witterung beeinflußt. Ein Zusammenbau ohne Löcher für Montagebolzen ist schlecht möglich.

4. Brücken.

Mit der Schweißung von Brücken wurde in Deutschland etwa im Jahre 1930, im Auslande z. Z. schon früher begonnen. Bisher sind eine Reihe Straßen- und Eisenbahnbrücken, vorwiegend mit vollwandigen Hauptträgern, geschweißt worden. Im Straßenbrückenbau (Reichsautobahn) wurden mehrere Stabbogenbrücken mit Stützweiten bis zu 103 m in vollständig geschweißter Ausführung errichtet. Für die Berechnung und bauliche Durchbildung von Eisenbahnbrücken gelten die „Vorläufigen Vorschriften für geschweißte, vollwandige Eisenbahnbrücken", für Straßenbrücken gilt entsprechend DIN 4101 „Vorschriften für geschweißte, vollwandige stählerne Straßenbrücken".

5. Krane und Förderanlagen

werden heute vorwiegend geschweißt, sowohl in Vollwand- als auch in Fachwerkausführung; jedoch dürfen Fachwerkkrane und -kranbahnen der Gruppen III und IV z. Zt. noch nicht geschweißt werden. Ebenso hat man bei Baggern bis zu den größten Leistungen mit gutem Erfolg die Schweißung angewandt. Ihr Vorteil liegt bei all diesen Konstruktionen nicht nur in der Gewichtsersparnis selbst, sondern auch in der mit ihr zusammenhängenden Verringerung der zu bewegenden toten Massen, die bei jedem Arbeitsspiel beschleunigt und verzögert werden müssen. — Eigene Vorschriften für geschweißte Krane bestehen z. Zt. noch nicht.

F. Die Schweißung im Kessel-, Behälter- und Rohrleitungsbau.

Hier handelt es sich vorwiegend um reine Blechschweißungen unter weitgehendster Anwendung von Stumpfnähten. Bis vor einer Reihe von Jahren beherrschte die Gasschmelzschweißung mit ihren dichten und dehnungsfähigen Nähten ausschließlich dieses Gebiet. Mit der Entwicklung der hochwertigen dickumhüllten Elektroden fand jedoch auch die Lichtbogenschweißung hier immer mehr Eingang; jedoch ist die Ansicht, daß durch die Fortschritte der Lichtbogenschweißung die Gasschmelzschweißung in diesem Arbeitsbereich überflüssig würde, irrig. Jedes

Verfahren hat sein besonderes Anwendungsgebiet. Die Gasschmelzschweißung eignet sich besonders für geringere Blechdicken. Vielfach wendet man auch beide Schweißungen an einem Stück gleichzeitig an, so z. B. für die Längs- und Rundnähte eines Behälters die Gasschmelzschweißung, für die Kehlnähte an Versteifungen, Abstützungen und Flanschen die Lichtbogenschweißung. Auch das Ellira-Verfahren findet für Kessel- und Rohrschweißungen Anwendung.

Verbindungen von Mantel und Boden bei Kesseln und Behältern sind in Abb. 84 angegeben. Bei einfachen Behältern können ebene Böden verwandt und nach Abb. 84a durch Ecknähte mit den Mantelblechen verbunden werden. Dickere Bodenbleche werden nach Abb. 84b in den Mantel eingeschoben und mit außenliegenden Kehlnähten verschweißt. Für Kessel und Druckgefäße wählt man gewölbte Böden, die entweder nach Abb. 84c stumpf mit dem Kesselmantel verbunden oder in bzw. über diesen geschoben und mittels Kehlnähten verschweißt werden (Abb. 84d). Die letzte Ausführung ist bei verhältnismäßig dünnen Blechen angebracht, sie erleichtert den Zusammenbau und erhöht die Steifigkeit. Nachteilig ist jedoch die Umlenkung des Kraftflusses durch die Überlapptnaht, außerdem ist die innere Kehlnaht schwieriger zu schweißen.

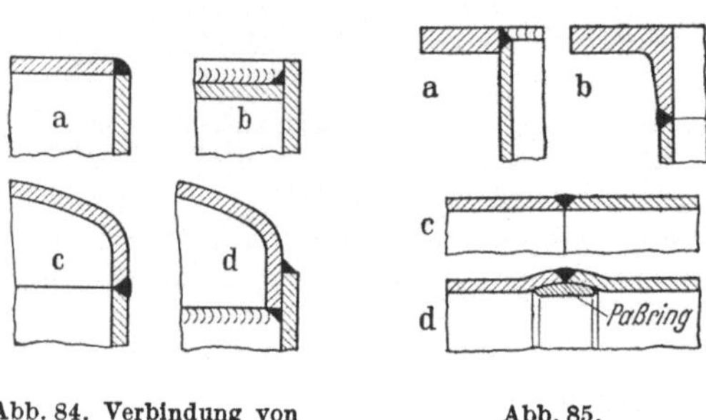

Abb. 84. Verbindung von Mantel und Boden bei Behältern und Kesseln.

Abb. 85. Rohrschweißungen

An Rohrleitungen können weniger beanspruchte Flanschen als Ringflanschen nach Abb. 85a ausgebildet und durch Kehl- oder Stumpfnähte mit der Rohrwand verschweißt werden. Für hochbeanspruchte Rohre sind Ansatzflanschen nach Abb. 85b vorzuziehen. Größere Rohrleitungen werden oft geschweißt verlegt. Gut und einfach ist die Verbindung der einzelnen Rohrleitungen durch eine V-Naht nach Abb. 85c. Das Aufschweißen von Laschen auf die Stumpfnaht ist zu vermeiden, da der Stoß hierdurch verteuert und verschlechtert wird. Will man neben gutem Durchschweißen auch eine glatte Innenfläche des Stoßes erzielen, so walzt man die Rohrenden auf und legt einen Paßring nach Abb. 85d ein.

G. Anwendung der Schweißung im Maschinen- und Fahrzeugbau.

Die Vorteile geschweißter Maschinenteile gegenüber gegossenen liegen in einer erheblichen Gewichtsersparnis (bis zu 50%), in einer höheren Lebensdauer, in dem Fortfall des Modells und der leichten Änderungsmöglichkeit. Geschweißte Stücke sind gegenüber Stößen und Erschütterungen wesentlich unempfindlicher als spröde Gußkörper, bei denen häufig Risse oder gar Brüche auftreten.

Die Unabhängigkeit vom Modell und den durch seine Einformmöglichkeit gegebenen Bindungen gibt dem Konstrukteur größere Freiheit in der Formgebung. Durch den Fortfall des Modells werden bei Neukonstruktionen Zeit und Kosten für seine Herstellung erspart. Dies wirkt sich besonders bei einzelnen oder nur wenigen Stücken aus. Meist können auch die Lieferzeiten abgekürzt werden.

Für die Herstellung von Maschinenteilen kommt vorwiegend die Lichtbogenschweißung in Frage, da bei ihnen die Kehlnaht vorherrscht und Schrumpfungen und Verwerfungen auf ein Mindestmaß herabgedrückt werden müssen.

Ein geschweißtes Zahnrad zeigt Abb. 86. Als Zahnkranz kann entweder ein gewälzter oder aus Flachstahl gebogener und stumpf verschweißter Ring benutzt werden. Im letzten Falle wird der Stoß in eine Zahnlücke gelegt. In die mit dem Schneidbrenner ausgeschnittene Blechscheibe wird die Rundstahlnabe eingeschweißt; hierauf werden die Rippen aufgeschweißt und dann der Zahnkranz mit Scheibe und Rippen durch Kehlnähte verbunden[1]. Während für den Zahnkranz vielfach Stahl höherer Festigkeit (St 60 bis St 70) verwandt wird, genügt für die übrigen Teile durchweg St 37. — Die angegebene Scheibenkonstruktion findet auch für Bordscheiben von Band- und Seiltrommeln Anwendung.

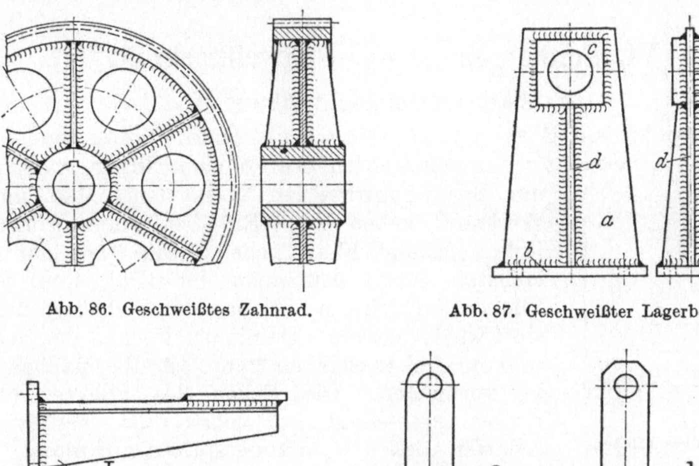

Abb. 86. Geschweißtes Zahnrad.   Abb. 87. Geschweißter Lagerbock.

Abb. 88. Geschweißtes Lagerkonsol.   Abb. 89. Geschweißte Winkelhebel.

Auch für Sonderlager, wie sie vielfach im Hebezeugbau vorkommen, eignet sich die Schweißung gut. Ein solches Lager ist in Abb. 87 angegeben. Das trapezförmige Blechstück a ist auf die Fußplatte b aufgeschweißt. Zur Erzielung einer genügend breiten Lagerfläche werden die quadratischen Verstärkungsstücke c angeordnet; der seitlichen Versteifung dienen die Rippen d.

Das Lagerkonsol Abb. 88 besteht aus einem im Steg schräg abgeschnittenen I-Trägerstück, das mit der Wandplatte durch Kehlnähte verbunden ist. Winkelhebel werden als Ersatz für die teuere geschmiedete Ausführung nach Abb. 89a und b geschweißt.

Außer den hier genannten kleineren Maschinenteilen werden an größeren Stücken geschweißt: Kästen für Räder- und Schneckengetriebe[2], Gehäuse für Kreiselpumpen, Gehäuse und Läufer für elektrische Maschinen, Ständer und Betten von Werkzeugmaschinen, bei denen durch Einbau von Zellenwänden die nötige Steifigkeit erreicht wird, ferner Pressenständer und Fundamentrahmen.

---

[1] Ricken: Die bauliche Durchbildung und Herstellung geschweißter Zahnräder. Schweißen in der Fördertechnik (Beilage zur Fördertechnik) 1942, Nr. 2, 3 u. 4.

[2] Ricken: Über das Schweißen von Getriebekästen. Schweißen in der Fördertechnik (Beilage z. Fördertechnik) 1942, Nr. 4 u. 5.

Im Bau von Eisenbahnfahrzeugen[1] wird die Schweißung weitgehendst angewandt. Bei Personen- und Güterwagen wird das Fahrgestell und das Gerippe des Aufbaues lichtbogengeschweißt, für die Anbringung der Blechverkleidung benutzt man viel die Punktschweißung (Punktschweißzangen und Stoßelektroden). Im Lokomotivbau schweißt man vorwiegend Rahmen und Drehgestelle, angefangen von der kleinen Verschiebelokomotive bis zur Schnellzugmaschine. — Auch im Bau von Straßenfahrzeugen, insbesondere Lastkraftwagen, Anhängern und Autobussen sind die Lichtbogenschweißung und die Widerstandsschweißverfahren in großem Umfange eingeführt worden.

VI. Sondergebiete der Schweißtechnik.

A. Ausbesserungsschweißungen.

Beim Schweißen von Rissen muß stets auf die Schrumpfung beim Erkalten der Schweißnaht Rücksicht genommen werden, ebenso beim Einsetzen von Flicken, um Spannungsrisse zu vermeiden. Man muß dem Werkstoff neben dem Riß bzw. dem Flicken eine Dehnungsmöglichkeit geben. Dies geschieht am einfachsten durch Aufbeulen der Rißkanten oder des Flickens; durch die Schrumpfung zieht sich der Werkstoff wieder gerade. Damit der Flicken der Schrumpfwirkung frei nachgeben kann, ist übermäßiges Heften zu vermeiden. Die Ecken des Flickens (Abb. 90) müssen unbedingt gut abgerundet werden, da bei scharfen Ecken Spannungsspitzen auftreten. Um die Wärme beim Schweißen gut zu verteilen, schweißt man die erste Hälfte des Flickenumfanges schrittweise, die andere Hälfte sprungweise, wie die Zahlen in Abb. 90 angeben.

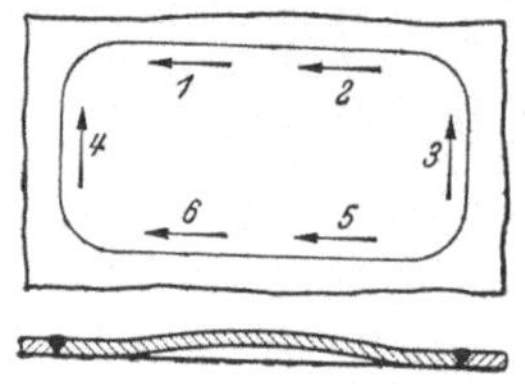

Abb. 90.
Einschweißen eines Flickens.

B. Dünnblechschweißung.

Die Schweißung dünner Bleche bis 3 mm bereitet gewisse Schwierigkeiten. Bei der Gasschmezschweißung, die früher für diese Arbeiten das einzig brauchbare Verfahren darstellte, verziehen sich die Bleche leicht. Die Lichtbogenschweißung mit nackten Elektroden führt leicht zu einem Durchbrennen der Bleche, umhüllte Elektroden machen Schwierigkeiten beim Verarbeiten der Schlacke. Dagegen können mit dem Kohlelichtbogen einwandfreie Dünnblechschweißungen hergestellt werden. Zur Stabilisierung des Lichtbogens ist die Kohle mit einem Blasmagneten umgeben, der in den Schweißstromkreis eingeschaltet wird. Zur Verbesserung des Schmelzflusses und Verhinderung des Aufkohlens der Schweiße benutzt man ein Flußmittel, und zwar entweder eine mit Terpentin angesetzte besondere Paste oder eine verdünnte Wasserglaslösung (1 Teil Wasserglas und 1 Teil Wasser). Da bei der Kohlelichtbogenschweißung dünner Bleche ein Materialzusatz wegfallen muß, kommt sie nur für Ecknähte, Bördel-, Stumpf- und Überlappnähte in Frage. Bei Stumpfnähten tritt ein leichtes Einsinken der Schweiße ein; die Bleche müssen genau zusammenpassen und gut geheftet sein, wenn brauchbare Ergebnisse erzielt werden sollen. Geschweißt wird mit Gleichstrom, Elektrode am Minuspol. Die Stromstärken liegen für Bleche von 1—3 mm zwischen 20 und 180 A, die Kohle-

---

[1] **Maurer:** Geschweißte Fahrzeugkonstruktionen der Deutschen Reichsbahn. Elektroschweißung 1937, Heft 9 u. 10.

durchmesser betragen 4—6 mm. Die Schweißgeschwindigkeit beträgt für Eck- und Bördelnähte etwa 20 m in der Stunde, bei Überlappnähten nur etwa 8 m in der Stunde.

Für die Stumpfschweißung dünner Bleche ohne Werkstoffzusatz eignet sich auch, wie schon früher erwähnt, die Arcatomschweißung, mit der Schweißgeschwindigkeiten von etwa 30 m in der Stunde einschl. Spannen und Heften der Bleche erreicht werden. — Mit dem Gleichrichter lassen sich wegen seines stabilen Lichtbogens Dünnblechschweißungen bis zu 0,7 mm Blechdicke noch ausführen.

C. Auftragsschweißungen.

dienen zur Ergänzung abgenutzter Werkstücke auf ihr ursprüngliches Maß. Sie können mit der Gasschmelzschweißung und der Lichtbogenschweißung ausgeführt werden. Handelt es sich nur darum, Anfressungen an Behältern wieder auszugleichen, dann kommt man mit normalen Schweißstäben bzw. normalen Stahlelektroden aus. Will man jedoch durch die Auftragsschicht eine besondere Härte und Verschleißfestigkeit erzielen, z. B. bei Weichenzungen, Herzstücken, Walzenzapfen, Gleitbahnen, Schneiden von Baggereimern u. dgl., so verwendet man Schweißstäbe bzw. Elektroden mit hohem Kohlenstoff- und Mangangehalt. Letzterer kommt dann in Frage, wenn man große Zähigkeit erreichen will, z. B. bei Greiferschneiden und Steinbrechern. Bei der Lichtbogenschweißung verwendet man für für Auftragschweißungen allgemein umhüllte Elektroden, die mit dem Pluspol und absatzweise verschweißt werden. Die Stromstärke ist geringer als bei Verbindungsschweißungen.

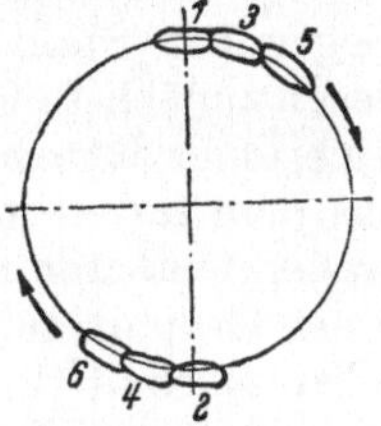

Abb. 91.
Auftragen einer Welle.

Beim Auftragen von Wellen muß auf die Wärmespannungen Rücksicht genommen werden. Damit sich die Welle nicht krumm zieht, darf nicht eine Auftragsraupe neben die andere gelegt werden. In diesem Fall wirkt die Wärme einseitig. Durch schraubenförmig um die Welle gelegte Raupen treten leicht Kerbwirkungen und Brüche auf. Richtig ist es, in der in Abb. 91 angegebenen Reihenfolge die einzelnen Raupen zu ziehen. Hierdurch werden die Schrumpfkräfte auf beiden Seiten der Welle gleich groß, so daß ein Verziehen der Welle vermieden wird.

Bei Hartschweißungen soll man breitere Raupen mit dickeren Elektroden ziehen. Beim Legen mehrerer Raupen übereinander muß man berücksichtigen, daß nur die oberste Raupe hart ist und die unteren Raupen durch Ausglühen ihre Härte z. T. verlieren. Man soll daher die Raupen nicht höher als erforderlich legen, um nicht den größten Teil der Hartschicht durch Abschleifen wieder entfernen zu müssen. Verschleißfeste Auftragschweißungen sind meist nur durch Schleifen bearbeitbar. — Für das Auftragen abgenutzter Spurkränze an Radsätzen von Eisenbahnfahrzeugen gibt es selbsttätige Schweißanlagen, die so arbeiten, daß der Radsatz sich unter den oberhalb der Räder fest angeordneten Schweißköpfen dreht.

D. Die Schweißung von Stahlguß und Temperguß

Stahlguß kann wie normaler Stahl geschweißt werden. Stücke, die nicht Spannungen ausgesetzt werden dürfen, werden zweckmäßig mit der Lichtbogenschweißung wiederhergestellt. Lunker und Fehlstellen füllt man mit Stahlelektroden oder geeigneten Zusatzstäben auf, die mit dem Kohlelichtbogen oder der Gasschmelzschweißung niedergeschmolzen werden. Der Kohlelichtbogen wird meist in den Stahlgießereien angewandt, wo die Stücke nachträglich ausgeglüht werden, um die Schweiß- und Gußspannungen auszutreiben. Die Gasschmelzschweißung kann nur bei Stücken angewandt werden, die eine starke Erwärmung vertragen. — Temperguß ist schwieriger zu schweißen, schwarzer Temperguß ist sogar im allgemeinen schlecht schweißbar. Weißer Temperguß läßt sich um so besser schweißen, je breiter seine entkohlte Randzone ist. Die besten Ergebnisse werden mit der Lichtbogenschweißung und Stahlelektroden erzielt, die Gasschmelzschweißung ist weniger geeignet. Mitunter ist auch bei weißem Temperguß eine Hartlötung der Schweißung vorzuziehen.

E. Die Gußeisenschweißung.

Als Schweißverfahren kommen hier in Frage: Die Thermitgießschweißung, die Gußeisenschweißung nach dem Gießverfahren, die Gasschmelzschweißung und die Lichtbogenschweißung. Die beiden erstgenannten Verfahren haben nur beschränkte Bedeutung. Sie dienen vorwiegend zur Ausbesserung von Fehlern an Gußstücken, zum Anschweißen abgebrochener Zapfen u. dgl. Das flüssige Thermit oder Gußeisen dient zum Aufweichen der Bruchfläche, die Ergänzung des Gußstückes erfolgt durch Aufgießen von Gußeisen unter Verwendung einer geeigneten Form. Die Gußeisenschweißung nach dem Gießverfahren kommt nur in der Gießerei selbst zur Anwendung.

Für die Wiederherstellung gebrochener und gerissener Gußstücke kommen fast ausschließlich die Gasschmelzschweißung und die Lichtbogenschweißung in Frage. Gegenüber Stahl treten bei Gußeisen verschiedene Schwierigkeiten auf. Diese liegen zunächst in der Zusammensetzung des Gußeisens, das eine Eisen-Kohlenstofflegierung mit mehr als 2% Kohlenstoff ist. Bei der Erwärmung geht es unmittelbar aus dem festen in den flüssigen Zustand über. Der Kohlenstoff ist aber in dem grauen Gußeisen nicht wie beim Stahl chemisch gebunden, sondern z. T. als reiner, freier Graphit ausgeschieden. Auf der Ausscheidung des Graphits, die durch den Siliziumgehalt des Eisens und langsame Abkühlung begünstigt wird, beruht die Weichheit und Bearbeitbarkeit des Gußeisens. Graphit und Silizium gehen durch die Einwirkung der Schweißflamme oder durch Verbrennung im Lichtbogen verloren. Außerdem erkaltet die Schweiße schneller als flüssiges Gußeisen in der Gießform. Hierdurch wird die Schweiße spröde und so hart, daß sie mit spanabhebenden Werkzeugen nicht mehr bearbeitet werden kann. Um dies zu verhindern, verwendet man Schweißstäbe bzw. Elektroden (bei der Gußeisenwarmschweißung) mit hohem Kohlenstoff- und Siliziumgehalt und sorgt außerdem für eine langsame Abkühlung des Werkstückes.

Eine weitere Schwierigkeit liegt darin, daß beim örtlichen Erhitzen und schnellen Abkühlen von Gußeisen Spannungen auftreten, insbesondere, wenn der Werkstoff in der Nähe der Schweißstelle ungleichmäßig verteilt ist. Zu diesen Spannungen treten dann noch die Spannungen, mit denen jedes Gußstück infolge ungleichmäßiger Abkühlung nach dem Gießen behaftet ist. Diese Spannungen führen nicht selten zum Aufreißen der Schweißnähte. Das beste Gegenmittel ist ein Anwärmen des ganzen Stückes bis auf Rotglut und langsames Abkühlen. Je nachdem, ob das Gußstück im warmen oder im kalten Zustande geschweißt wird, spricht man von einer Warm- oder Kaltschweißung. Beide Verfahren können mit der Lichtbogenschweißung und der Gasschmelzschweißung durchgeführt werden.

Bei der Lichtbogen-Kaltschweißung wird mit Stahlelektroden, vorwiegend umhüllten Elektroden, geschweißt. Gußeisenelektroden sind nicht brauchbar, weil der Werkstoff in großen Tropfen abfließt und nicht mit dem kalten Werkstück bindet. Dadurch, daß die Schweiße aus dem Gußeisen Kohlenstoff in Form vergasten Graphits aufnimmt, entstehen sehr harte Schweißränder, deren Bearbeitung nur durch Schleifen möglich ist. Ihre Sprödigkeit kann beim Erkalten der Schweiße zur Rißbildung führen. Da auch eine innige Verbindung von Stahl und Gußeisen kaum erreichbar ist, muß man besondere Hilfsmittel anwenden, um eine einigermaßen ausreichende Festigkeit und Dichtigkeit der Schweiße zu erzielen. Üblich ist das Einsetzen von Gewindestiften in die ausgekreuzten Bruchränder nach Abb. 92. Diese verbinden sich mit dem eingeschmolzenen Elektrodenwerkstoff und stellen eine Verankerung zwischen Schweiße und Werkstück dar. Den Durchmesser d der Stifte wählt man 0,3—0,4 s, ihren Abstand (versetzt anordnen!) etwa 6 d. Man kann auch Klammern oder Anker einsetzen. — Bei geringen Wandstärken kann man mit chrom-nickel-legierten Elektroden auch ohne Stifte u. dgl. eine genügende Festigkeit und bearbeitbare Schweiße erzielen.

Um die Wärmezufuhr auf ein Mindestmaß zu beschränken und damit Spannungen möglichst zu vermeiden, schweißt man in kurzen Absätzen und verwendet höchstens Elektroden bis 4 mm ⌀. Man darf das Werkstück nie warm werden lassen! Die einzelnen Schweißraupen werden zuerst lagenweise an den Nahträndern und dann in der Mitte aufgetragen. Muß die Schweiße bearbeitbar sein, so schafft man durch Schweißen mit Elektroden aus Monelmetall (Kupfer-Nickel-Legierung) eine weiche Übergangszone. Gleichzeitig erreicht man hierdurch eine bessere Bindung.

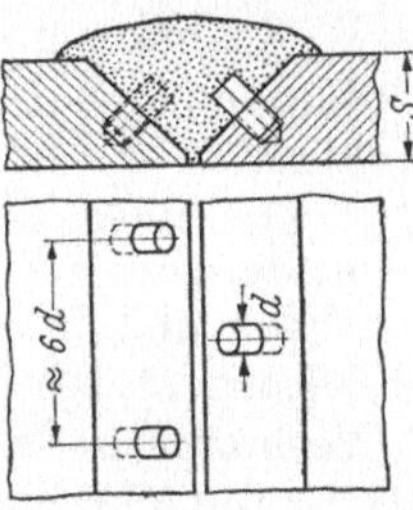

Abb. 92. Anordnung der Gewindestifte bei der Lichtbogen-Kaltschweißung.

Will man eine Gußeisenkaltschweißung unter Verwendung normaler Stahlelektroden dicht bekommen, so verfährt man bei kleineren Gußstücken, z. B. Zylinderblöcken, so, daß man nur sehr kurze Raupen legt und diese in Rotwärme hämmert. U. U. kann auch ein Bestreichen der Naht mit Salzsäure (Dichtrosten) oder mit Wasserglas genügende Dichtigkeit ergeben.

Die Gußeisenkaltschweißung kommt da in Frage, wo an Dichtigkeit und Festigkeit keine großen Ansprüche gestellt werden. Sie hat den Vorteil, daß das Gußstück, sofern es nur zugänglich ist, in jeder Lage ohne Ausbauen geschweißt werden kann, was für die Kosten von großer Bedeutung ist.

Die Lichtbogen-Warmschweißung unterscheidet sich von der Kaltschweißung zunächst dadurch, daß das Gußstück, dessen Bruchränder gut ausgekreuzt oder gar künstlich erweitert sind und mit Formkohle umgeben werden, in Sand eingeformt und durch ein Holzkohlenfeuer auf Rotglut erhitzt wird. Nunmehr wird die Schweißstelle sauber ausgeblasen und die Schweißung nicht mit Stahlelektroden, sondern mit umhüllten oder nackten Gußeisenstäben von 8—20 mm ⌀ und etwa 1 m Länge durchgeführt. Bei Verwendung nackter Elektroden muß ein schlackenbildendes Schweißpulver zugesetzt werden. Die Schweißspannung beträgt 40 bis 65 V, die Stromstärke je nach Werkstück und Elektrode 400—1500 A. Die Elektrode liegt bei Gleichstrom am Minuspol. Heute werden auch mit Wechselstrom gute Ergebnisse erzielt. Nach der Schweißung muß für langsames Abkühlen des Stückes gesorgt werden, meist ist noch ein Nachwärmen erforderlich.

Gußeisenwarmschweißungen, bei denen im Gegensatz zu Kaltschweißungen keine Stifte verwandt werden, zeichnen sich durch hohe Gleichmäßigkeit aus und sind meist fester und dichter als der ursprüngliche Guß. Nachteilig sind die Notwendigkeit des Ausbauens und die durch die umfangreiche Vorbereitung wesentlich erhöhten Schweißkosten.

Die Gasschmelzschweißung eignet sich für das Kaltschweißen von Gußstücken weniger, da die Flamme die Umgebung der Schweißstelle stark erwärmt.

Für spannungsreiche Werkstücke ist sie unbrauchbar. Die Schweißränder müssen gut aufgeschmolzen und Gasblasen durch kräftiges Rühren aus dem Schmelzbade ausgetrieben werden. Zur Erzeugung leichtflüssiger, sauerstoffbindender Schlacke benutzt man Schweißpulver, in das man das erhitzte Schweißstabende eintaucht. Um harte Übergänge zwischen Schweiße und Werkstück durch zu rasche Abkühlung zu vermeiden, wird die Schweißstelle nachträglich noch etwas mit der Flamme warmgehalten. Als Zusatzstoff werden Gußeisenstäbe verwendet; wegen der plötzlichen Verflüssigung der Stabenden kann nur in waagerechter Lage geschweißt werden.

Bei Anwendung der Gasschmelzschweißung als **Warmschweißung** werden die Werkstücke im Glühofen auf Rotglut erhitzt, zum Schweißen werden sie aus dem Ofen genommen. Damit sie aber nicht kalt werden, hält man sie durch einen zweiten Brenner warm. Der Schweißvorgang ist derselbe wie bei der Kaltschweißung. Nach dem Schweißen läßt man das Werkstück langsam im Ofen wieder abkühlen und vermeidet so neue Spannungen. Die Schweißung ist gleichmäßig und von guter Festigkeit und Dichte. Das Anwärmen kann auch in einem behelfsmäßigen, aus feuerfesten Steinen gebauten Ofen mittels Holzkohle geschehen.

Verbrannter Guß, dem durch längere Einwirkung offenen Feuers oder überhitzten Dampfes ein großer Teil des Kohlenstoffs und Siliziums entzogen ist, kann mit keinem Verfahren geschweißt werden.

F. Die Schweißung von Nichteisenmetallen.

Sie ist schwieriger als die Stahl- und auch Gußeisenschweißung. Als schweißtechnisch ungünstige Eigenschaften, die bei den einzelnen Metallen in verschiedenem Maße auftreten, sind zu nennen: Hohe Wärmeleitfähigkeit und starke Neigung zur Sauerstoffaufnahme im erhitzten Zustand, z. T. auch Wärmeempfindlichkeit und leichte Vergasbarkeit.

1. Kupfer

hat etwa die 6fache Wärmeleitfähigkeit wie Stahl und verlangt daher eine hohe Wärmezufuhr. Bei der Gasschmelzschweißung arbeitet man mit größeren Brennern oder mit zwei Brennern. Zur Verhinderung der Oxydation der Schweiße wird meist ein Flußmittel zugesetzt. Die Schweißspannungen werden durch Hämmern der Naht im rotwarmen Zustande ausgeglichen, gleichzeitig wird hierdurch das Gefüge verdichtet und die Festigkeit erhöht.

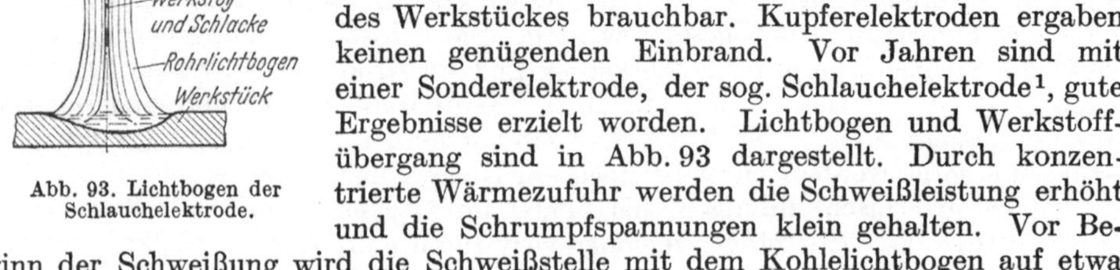

Abb. 93. Lichtbogen der Schlauchelektrode.

Die Lichtbogenschweißung war für Kupfer früher nur mit Kohle- oder Bronzeelektroden unter Vorwärmung des Werkstückes brauchbar. Kupferelektroden ergaben keinen genügenden Einbrand. Vor Jahren sind mit einer Sonderelektrode, der sog. Schlauchelektrode[1], gute Ergebnisse erzielt worden. Lichtbogen und Werkstoffübergang sind in Abb. 93 dargestellt. Durch konzentrierte Wärmezufuhr werden die Schweißleistung erhöht und die Schrumpfspannungen klein gehalten. Vor Beginn der Schweißung wird die Schweißstelle mit dem Kohlelichtbogen auf etwa 200° angewärmt. Die Schlauchelektrode eignet sich besonders zum Einschweißen von Stehbolzen in kupferne Feuerbuchsen.

---

[1] A. Matting u. W. Lessel: Die Schlauchelektrode zur Lichtbogenschweißung von Kupfer. Elektroschweißung 1936, S. 161.

2. Messing

ist in ähnlicher Weise wie Kupfer gasschweißbar. Ungünstig ist der niedrige Verdampfungspunkt des Zinks, der weit unter dem Schmelzpunkt des Messing liegt. Durch schnelles Schweißen können die Zinkverluste in der Legierung gering gehalten werden. Messing wird als einziges Metall mit Sauerstoffüberschuß in der Flamme geschweißt.

3. Bronze

kann mit der Azetylen-Sauerstoff-Flamme, dem Kohle- und Metallichtbogen geschweißt werden. Im letzten Falle ist eine leichte Vorwärmung zweckmäßig. Da Bronze in der Hitze die Festigkeit fast ganz verliert, muß das Werkstück sorgfältig gelagert werden.

4. Nickel und Monelmetall

(Kupfer-Nickel-Legierung) sind gas- und elektrisch, sowohl mit dem Metall- als auch dem Kohlelichtbogen schweißbar.

5. Blei

kann mit der Azetylen-Sauerstoffflamme und dem Kohlelichtbogen geschweißt werden. Nur für sehr dünne Bleche verwendet man die Wasserstoff- oder Leuchtgasflamme. Wegen der giftigen Bleidämpfe muß mit Atemmaske gearbeitet und für gute Entlüftung gesorgt werden. — Hartblei (Blei mit Antimon) ist für das Schweißen ungeeignet.

6. Zink

läßt sich unter Verwendung eines geeigneten Flußmittels mit der Azetylen-Sauerstoff-Flamme und der Hochdruckazetylen-Luft-Flamme schweißen. Auch das Arcatom- und Weibel-Schweißverfahren eignen sich für Zink, nicht aber die Lichtbogenschweißung.

7. Aluminium, Aluminium- und Magnesiumlegierungen[1]

sind gasschweißbar. Diese Leichtmetalle sind mit einer hauchartigen, schützenden Oxydschicht überzogen. Sie darf nicht in die Schweiße gelangen; sie kann nur durch ein geeignetes Schweißpulver gelöst werden. Die Schweißnaht läßt sich u. U. durch Abhämmern veredeln.

In den letzten Jahren hat die Lichtbogenschweißung von Aluminium erhebliche Fortschritte gemacht. Man benutzt vorwiegend den Metallichtbogen unter Verwendung von Gleichstrom und umhüllten Elektroden, die mit dem Pluspol verschweißt werden. Die Vorteile gegenüber der Gasschmelzschweißung sind kürzere Schweißzeiten und geringere Beeinflussung des Werkstoffes neben der Schweiße. — Für die Leichtmetallschweißung eignet sich das Arcatomverfahren sehr gut, für Bleche bis zu 2 mm Dicke auch das Weibel-Verfahren.

Abschließend muß noch gesagt werden, daß die Schweißung von Nichteisenmetallen Sondererfahrung und große Übung erfordert. Für fast sämtliche Nichteisenmetalle kann auch die elektrische Widerstandsschweißung angewandt werden.

---

[1] Ricken: Das Schweißen der Leichtmetalle. Berlin 1941. Springer-Verlag.

G. Das Schweißen von Kunststoffen.

Thermoplastische Kunststoffe werden im teigigen Zustand (Temperatur 80 bis 150°) mit Zusatzwerkstoff verschweißt. Die Schweißung erfolgt im Heißluft-

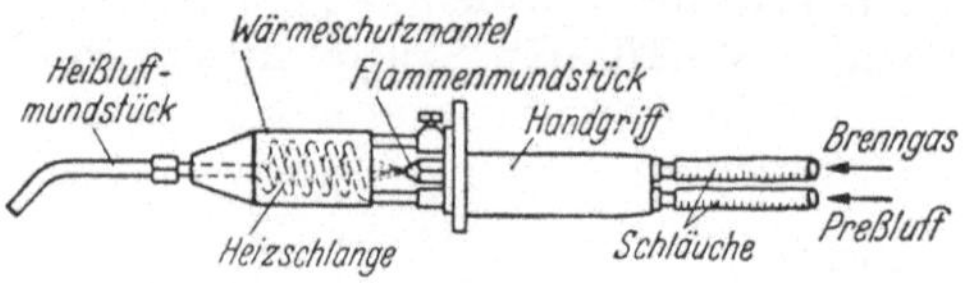

Abb. 94. Schweißgerät für Kunststoffe.

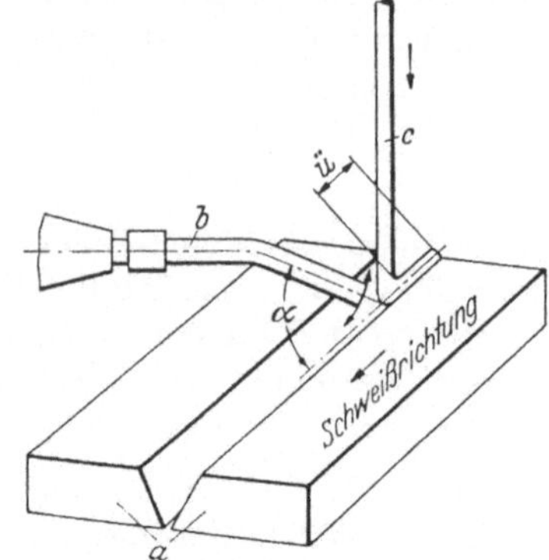

strom, den man in einem Brenner nach Abb. 94 unter Verwendung von Preßluft erzeugt, die durch eine Wasserstoff-, Azetylen- oder Leuchtgasflamme erhitzt wird. Wasserstoff wird als reines Gas verbrannt, Azetylen und Leuchtgas dagegen mit Preßluft als zusätzlicher Verbrennungsluft. Die Preßluft kann auch in einem elektrisch beheizten Gerät erhitzt werden. Die Werkstückkanten werden wie bei der Metallschweißung vorbereitet; der Heißluftstrom wird gleichzeitig auf die Werkstückkanten und den Rücken des senkrecht gehaltenen Schweiß-

Abb. 95. Haltung von Schweißbrenner und Schweißstab beim Kunststoffschweißen. *a* Werkstücke, *b* Schweißbrenner, *c* Schweißdraht (Zusatzwerkstoff) *ü* Überstand des Schweißdrahtendes über das Nahtende, *α* Neigungswinkel des Brennermundstückes zur Nahtrichtung.

drahtes gerichtet (Abb. 95). Um gleich zu Beginn der Schweißnaht eine gute Bindung zu erzielen, läßt man das Ende des Schweißdrahtes um das Maß $ü$ (etwa 10 mm) überstehen. Werkstück und Zusatzdraht werden im Heißluftstrom weich und plastisch, nicht flüssig. Die Schweißung erfolgt also im knetbaren Zustande unter leichtem Druck auf den Zusatz-

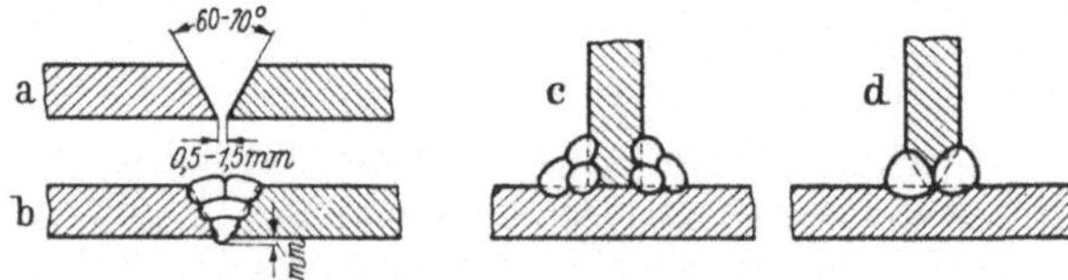

Abb. 96. *a* Vorbereitung der Werkstückkanten bei der V-Naht, *b* Schweißlagen bei der V-Naht, *c* Schweißung von Kehlnähten in mehreren Lagen, *d* Schweißung einer Stumpfkehlnaht.

stab [1]. Es können Stumpf- und Kehlnähte, auch in mehreren Lagen geschweißt werden (Abb. 96).

VII. Die Prüfung der Schweißnähte.

A. Prüfungen ohne Zerstörung der Schweißnaht.

1. Äußerer Befund.

Schon mit dem bloßen Auge kann man grobe Fehler, wie unsaubere und schlecht gelegte Nähte, Poren, Schlackeneinschlüsse und ungenügendes Durchschweißen erkennen. Feinere Risse lassen sich vielfach mit der Lupe feststellen. Aus dem Aussehen der Naht allein kann man jedoch nie ein vollständiges Bild über ihre Güte bekommen.

---

[1] Die Schweißung thermoplastischer Kunststoffe auf der Basis Polyvinychlorid, PCU-Vinidur. Bericht der Mitteldeutschen Schweißlehr- und -Versuchsanstalt Halle. Autogene Metallbearbeitung 1942, S. 173.

2. Härteprüfung.

Bei der Brinellschen Kugeldruckprobe wird eine gehärtete Stahlkugel mit bestimmter Belastung in die Nahtoberfläche eingedrückt (bei Stahl 10 mm-Kugel mit 3000 kg). Das Verhältnis der Belastung zur Eindruckfläche (Kalottenfläche) in kg/mm² ist dann die Brinellhärte. Bei der Rockwellprüfung mißt man den Eindruck einer Diamantspitze. Die Vickersprobe ist ähnlich der Brinellprobe; die Stahlkugel ist durch eine Diamantpyramide ersetzt. Die Härteprüfung eignet sich besonders für Auftragschweißungen.

3. Magnetische Prüfung.

Über die Schweißnaht wird eine Mischung aus Eisenpulver und dünnflüssigem Öl gespritzt. Hierauf setzt man über sie einen tunnelförmigen Elektro-Handmagneten, mit dem das Werkstück auf eine Länge von etwa 260 mm durchflutet wird. Risse, Wurzel- und Bindefehler, durch die der magnetische Fluß gestört wird, machen sich durch Ansammlungen von Eisenpulver bemerkbar. Dieses Verfahren eignet sich zur Prüfung von Stumpf- und Kehlnähten bis 4 mm Blechdicke.

4. Röntgenprüfung.

Die Metalle (außer Blei) sind mit kurzwelligen Röntgenstrahlen durchdringbar. Das Schema einer Röntgenprüfung ist in Abb. 97 dargestellt. Die von der Röntgenröhre ausgehenden Strahlen durchdringen das Werkstück mit der Schweißnaht und treffen auf den Film, den sie um so mehr schwärzen, je geringer ihr Widerstand beim Durchgang durch die Schweißnaht ist. Unregelmäßigkeiten in der Naht, wie Schlackeneinschlüsse, Luftblasen und Bindungsfehler ergeben dunkle Stellen auf dem Film, die auf dem Positiv als helle Flecke erscheinen. Abb. 98 zeigt die Röntgenaufnahmen (Positive) von verschiedenen Schweißnähten. Die Naht *a* enthält Blasen und ist in der Wurzel schlecht eingebrannt, die Naht *b* enthält noch kleine Poren, während die Naht *c* einwandfrei ist. Die Röntgenprüfung hat sich bisher als das brauchbarste Verfahren erwiesen. Ihr Anwendungsbereich geht bis etwa 105 mm Werkstoffdicke.

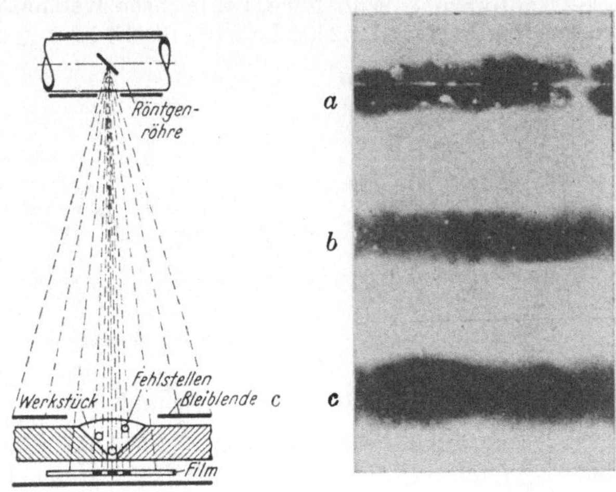

Abb. 97. Schema der Röntgenprüfung.

Abb. 98. Röntgenbilder von Schweißnähten.

5. Prüfung durch Gammastrahlen.

Sie kommt für Werkstücke über 105 mm Dicke in Frage. An die Stelle der Röntgenröhre tritt eine Kapsel mit Radium oder Mesothorium (billiger). Die Belichtungszeiten sind länger und die Fehler schlechter zu erkennen als bei der Röntgenprüfung.

B. Prüfungen mit Zerstörung der Schweißnaht.

1. Festigkeitsprüfungen.

a) Zugproben. Hier kommen die Kreuzprobe und die Stumpfprobe in Frage, die sowohl nach DIN 4100 (Vorschriften für geschweißte Stahlhochbauten) als auch nach den Brücken-Schweißvorschriften für die Schweißerprüfung verlangt werden. Die Kreuzprobe (Abb. 99) besteht aus zwei senkrechten Blechen und 1 Querblech von mindestens 12 mm Dicke, die durch Kehlnähte von $a = 6$ mm

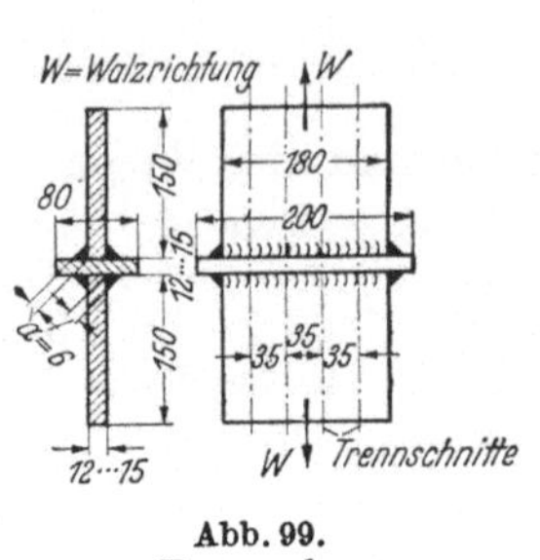

Abb. 99.
Kreuzprobe.

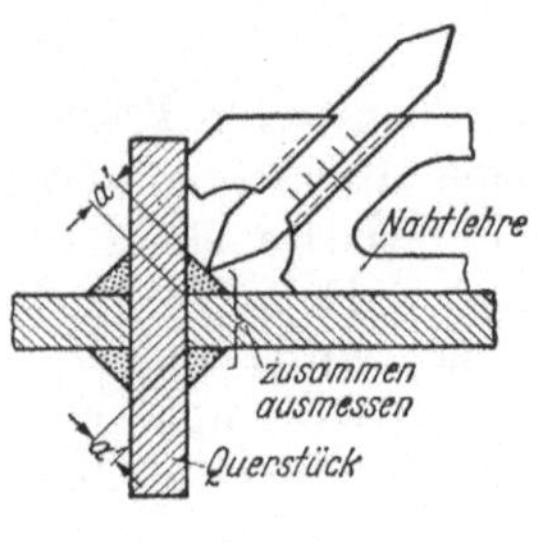

Abb. 100.
Messung von Kehlnähten.

miteinander verschweißt sind. Die Probe ist mit denselben Elektroden wie beim auszuführenden Bauwerk einmal waagerecht und einmal senkrecht zu schweißen, ebenso auch überkopf, falls im Bauwerk Überkopfnähte vorkommen. Aus der Probe werden drei Streifen geschnitten und die Querschnitte der oberen und der unteren Kehlnähte durch Messung festgestellt (Abb. 100). Ist P die durch den Zerreißversuch festgestellte Bruchlast, dann ist $\varrho = \dfrac{P}{2 \cdot a' \cdot l}$. Bei Vollkehlnähten ist $a' = $ Nahtdicke $+$ Wulsthöhe, bei leichten Kehlnähten $a' = $ Nahtdicke. Verlangt werden für St 37: $\varrho \geq 2600$ kg/cm², für St 52 $\varrho \geq 3900$ kg/cm². Die Prüfung der Schweißer muß alle Halbjahre wiederholt werden.

Bei der Stumpfprobe werden zwei Bleche von 10 mm Dicke nach Abb. 101 durch eine Stumpfnaht waagerecht verschweißt. Aus der Probe werden vier Streifen geschnitten, von denen zwei für Zugversuche und zwei für Biegeversuche

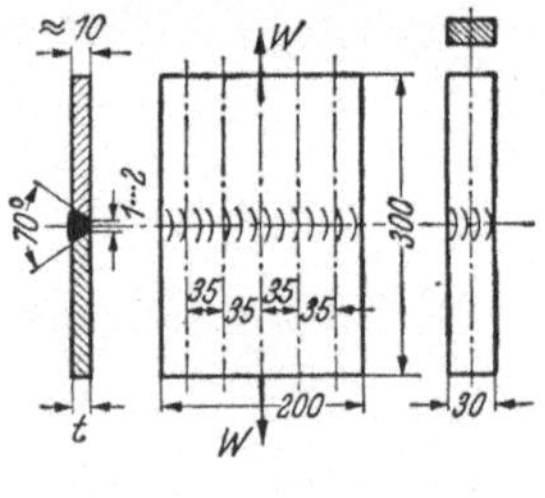

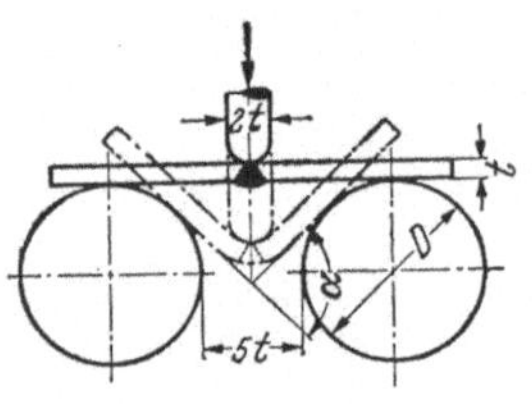

Abb. 101. Stumpfprobe.

Abb. 102. Biegeprobe.

verwandt werden. Beim Zugversuch muß $\varrho = \dfrac{P}{a \cdot l} \geq 3700$ kg/cm² für St 37 und $\varrho \geq 5200$ kg/cm² für St 52 sein ($a = $ Blechdicke t). Die Stumpfprobe braucht in der Regel nur bei der Einstellung des Schweißers in den Betrieb abgelegt zu werden.

b) Biegeprobe. Diese kann im Schraubstock vorgenommen werden. Für die Biegeprobe nach DIN 4100 ist jedoch die in Abb. 102 dargestellte Vorrichtung erforderlich. Als Biegewinkel α gilt der Winkel, um den ein Schenkel aus seiner ursprünglichen Lage bis zum ersten Anriß abgebogen wurde (Abb. 102). Der Biegewinkel ist ein Maß für die Dehnbarkeit der Schweißung; nach DIN 4100 werden 50° verlangt. Mit dickumhüllten Elektroden können Biegewinkel bis zu 180° erreicht werden.

c) Sonstige Proben. Bei der Schmiedeprobe muß eine Probe von 300 mm Länge und 35 mm Breite in einer Hitze von der Mitte aus auf 10fache Probendicke ausgeschmiedet werden und sich bei Schmiedehitze um 360° verdrehen lassen, ohne

Anrisse zu zeigen. Beim Kerbschlagversuch wird ein in der Nahtwurzel eingekerbter, stumpf geschweißter Probestab mit Hilfe eines Pendelhammers durchschlagen und die spezifische Schlagarbeit in kgm/cm² gemessen.

d) Prüfung auf Dauerfestigkeit. Dauerfestigkeitsversuche sind Versuche, bei denen die Spannung in der Probe oft wiederholt zwischen zwei Grenzen schwingt oder im Grenzfalle eine ruhende Spannung längere Zeit auf die Probe wirkt. Die Schwingfestigkeit wird durch Erschütterungsmaschinen (Pulsatoren), durch Dauerbiegemaschinen oder schwingende Fachwerkbrücken, sog. Schwingbrücken, in die die Probestäbe an bestimmten Stellen eingebaut werden, festgestellt. Die Zahl der Lastwechsel beträgt bei Stahl bis 10 Millionen, bei anderen Metallen bis zu 100 Millionen. Die Dauerfestigkeit einer Schweißverbindung ist sehr von der Art und Anordnung der Nähte abhängig.

2. Metallographische Prüfungen.

Sie dienen zur Untersuchung des Schweißgefüges. Je nachdem, ob es sich um das Groß- oder Kleingefüge handelt, spricht man von einer makroskopischen oder einer mikroskopischen Prüfung. Bei der der makroskopischen Prüfung entnimmt man dem zu prüfenden Werkstück kleine Stücke, deren Schnittflächen mit einer Schlichtfeile und feinem Schmirgelpapier bearbeitet und mit Spiritus gereinigt

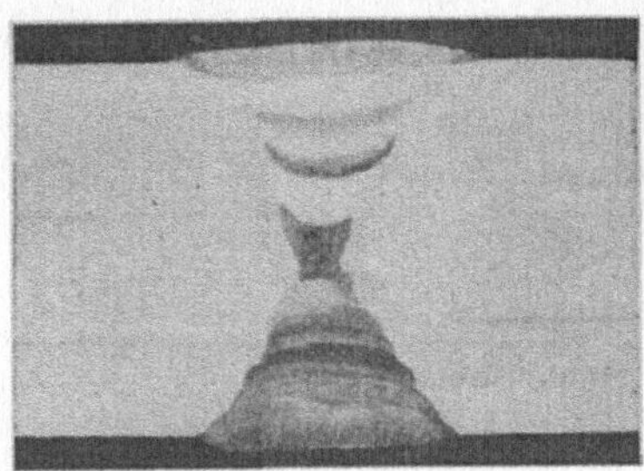

Abb. 103. Ätzung einer Stumpfschweißung.
Elektrode: Rheinmetall „Rex Blau".
Ätzung: Adler-Matting.
(Mehrlagenschweißung.)

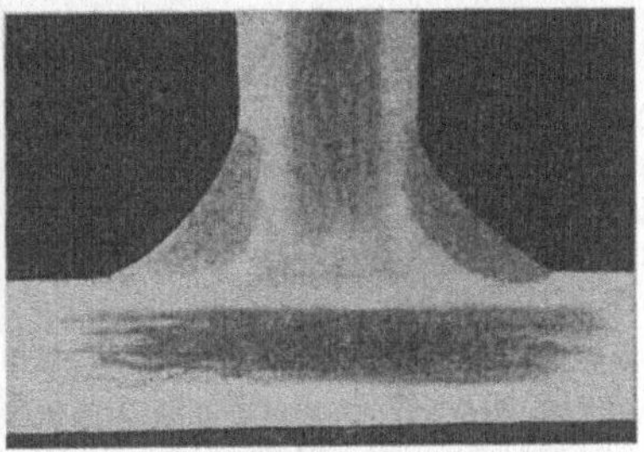

Abb. 104. Ätzung einer Kehlschweißung.
Elektrode: Rheinmetall „Rex Grün".
Ätzung: Kupferammoniumchlorid.
(Starke Steigerungen im Blech.)

werden. Um das Gefüge sichtbar zu machen, ätzt man die Schnittfläche meist mit einer etwa 10proz. Lösung von Kupferammoniumchlorid, die man eine Minute einwirken läßt. Nach Entfernung des Kupferniederschlages ist das Gefüge sichtbar, auch Einbrandfehler, Blasen und Schlackeneinschlüsse kann man meist mit dem bloßen Auge erkennen. Abb. 103 zeigt die Ätzung einer X-Naht, Abb. 104 die einer Kehlnahtschweißung mit dickumhüllten Elektroden. Für die mikroskopische Prüfung muß das Probestück fein geschliffen und poliert werden. Die Ätzung erfolgt mit alkoholischer Salzsäure, die Prüfung des Gefüges unter einem stark vergrößernden Mikroskop. Abb. 105 zeigt Gefügebilder einer Lichtbogen-

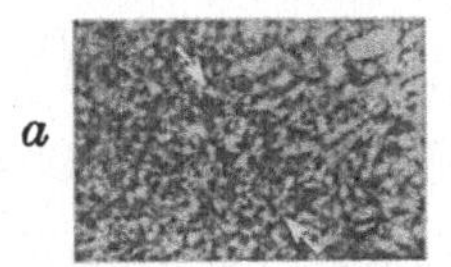

Abb. 105. Gefügebilder.

Kehlnahtschweißung mit dickumhüllten Elektroden, und zwar Bild a das Schweißnahtgefüge und Bild b das Übergangsgefüge.

VIII. Kostenangaben für Schweißnähte.

Kalkulationswerte über Zeit- und Strombedarf bei Widerstands-schweißungen können, da es sich hier meist um Massenfertigungen handelt, an Versuchsstücken schnell ermittelt werden.

Bei der Gasschmelzschweißung setzen sich die Kosten zusammen aus Lohnkosten, Kosten für Brenngas und Sauerstoff, Schweißdrahtkosten und Anlagekosten.

Die Lohnkosten ergeben sich aus der Schweißzeit und dem Stundenlohnsatz. Nachstehend sind Mittelwerte für die reine Schweißzeit (ohne Vorrichten des Werkstückes, jedoch einschl. Drahtwechseln und Flammenregelung) bei Stahl und Verwendung der vom Hersteller für die betr. Blechdicke vorgeschriebenen größten Brennereinsätze für 1 m Schweißnaht angegeben.

$$\text{Blechdicke in mm} \quad . \;. \quad 1 \quad 2 \quad 4 \quad 6 \quad 9 \quad 14 \quad 20$$
$$\text{Schweißzeit in min} \quad . \;. \quad 6 \quad 8 \quad 13 \quad 18 \quad 26 \quad 40 \quad 50$$

Die Schweißzeit hängt wesentlich vom Schweißer und der Art der Arbeit ab. Zu der reinen Schweißzeit kommen dann noch die Nebenzeiten für Vorrichten und Heften der Werksktücke.

Die Kosten für Brenngas und Sauerstoff lassen sich unmittelbar aus ihrem Verbrauch bestimmen. Bei der Azetylen-Sauerstoff-Flamme ist das Mengenverhältnis beider Gase $\sim 1:1$. Man kann den Sauerstoff- bzw. Azetylenverbrauch V in Liter/m Schweißnaht für mittlere Verhältnisse und V-Nähte aus folgenden Formeln überschläglich bestimmen:

Bei Nachlinksschweißung: $V \cong 8{,}4 a^2$, bei Nachrechtsschweißung: $V \cong 6{,}6 a^2$. Hier ist $a =$ Blechdicke in mm einzusetzen. Für X-Nähte kann das 0,7—0,8-fache dieser Werte gerechnet werden. Der Gasverbrauch ist auch vom Schweißer abhängig; ein Anfänger wird für dieselbe Arbeit mehr verbrauchen als ein geübter Schweißer.

Der Drahtverbrauch ergibt sich aus dem eingeschmolzenen Werkstoff. Rechnet man für die Nahtüberhöhung 10—15% des Nahtquerschnittes, dann ist das Nahtgewicht = Drahtgewicht G in g/m Schweißnaht für V-Nähte:

Bei 70° Einschweißwinkel: $G \cong 8 a^2$, bei 50° Einschweißwinkel: $G \cong 5{,}7\, a^2$.

Für X-Nähte betragen die Werte bei 80° Einschweißwinkel: $G \cong 5\, a^2$, bei 60° Einschweißwinkel: $G \cong 3{,}8\, a^2$.

Auch hier ist a in mm einzusetzen.

Aus dem Drahtgewicht und dem Drahtpreis je kg lassen sich dann die Schweißdrahtkosten bestimmen.

Die auf die Schweißarbeit umzulegenden Anlagekosten richten sich nach der Art und Ausnutzung der Anlage. Zweckmäßig werden sie als Zuschläge auf die Schweißerlöhne gerechnet.

Bei der Lichtbogenschweißung sind zu unterscheiden: Elektrodenkosten, Lohnkosten, Stromkosten und Anlagekosten.

Wird für die Nahtüberhöhung bei der vollen Kehlnaht bzw. für die Hohlkehle bei der leichten Kehlnaht 10% des theoretischen Nahtquerschnittes gerechnet und werden für Elektrodenreste, Abbrand- und Spritzverluste 30% des Elektrodengewichtes eingesetzt, dann beträgt das Elektrodengewicht in g/m Kehlnaht: $G \cong 12{,}3\, a^2$.

Entsprechend erhält man bei Stumpfnähten mit einem Einschweißwinkel von 70° und sonst gleichen Bedingungen
für V-Nähte: $G \cong 9{,}5\, a^2$ und für X-Nähte: $G \cong 5{,}2\, a^2$.

Die Elektrodenkosten ergeben sich dann aus dem Elektrodengewicht und dem Elektrodenpreis je kg. Werden Elektroden (z. B. dickumhüllte Elektroden) stückweise gekauft, dann muß der Elektrodenpreis auf das Gewicht der Metallstäbe ohne Umhüllung umgerechnet werden.

Für die Berechnung der Lohnkosten ist die Schweißzeit maßgebend. Diese hängt von der Elektrode, der Stromstärke, der Art der Arbeit und nicht zuletzt vom Schweißer ab. Sie muß an Abschmelzversuchen festgestellt werden. Überschläglich kann man für w a a g e r e c h t geschweißte Nähte als reine Schweißzeit (Hauptzeit) einschl. Elektrodenwechsel rechnen:

$$\text{bei Kehlnähten:} \quad t_h \gtrsim 84 \frac{a^2}{J} \ \text{min/m Naht,}$$

$$\text{bei V-Nähten} \quad t_h \gtrsim 50 \frac{a^2}{J} \ \text{min/m Naht,}$$

$$\text{bei X-Nähten} \quad t_h \gtrsim 30 \frac{a^2}{J} \ \text{min/m Naht.}$$

Hierin ist a die Kehlnahtdicke bzw. bei V- und X-Nähten die Blechdicke in mm, J die Stromstärke in A.

Zu der reinen Schweißzeit kommen dann noch die Nebenzeiten für Reinigen und Heften des Werkstückes, Abklopfen der Schlacke usw.

Der Strombedarf muß, ebenso wie die Schweißzeit, durch Versuche festgestellt werden, da er auch von der Schweißmaschine abhängt. Man kann rechnen für 1 kg Schweißnaht bei Gleichstrom 4—5 kWh, bei Wechselstrom 3—3,5 kWh, je nach Einschaltdauer und Elektrode. Die Stromkosten ergeben sich dann für 1 kg Schweißnaht aus dem Strombedarf je kg und dem Strompreis je kWh. — Die Anlagekosten sind bei der Gleichstromschweißung höher als bei der Wechselstromschweißung und richten sich auch nach der Ausnutzung der Anlage. Sie werden auch hier zweckmäßig als Zuschlag zu den Schweißerlöhnen gerechnet.

Schweißtechnisches Schrifttum in Buchform.

Holler: Leitfaden für Autogenschweißer. 15. Aufl. Halle a. d. S. 1940. C. Marhold. — Meller: Elektrische Lichtbogenschweißung. 2. Aufl. Leipzig 1937. S. Hirzel. — Du Ritz-Koch: Praktisches Handbuch der Lichtbogenschweißung. 2. Aufl. Braunschweig 1947. Vieweg & Sohn. — Schimpke-Horn: Praktisches Handbuch der gesamten Schweißtechnik. Bd. I: Gasschweiß- und Schneidtechnik, 4. Aufl. 1948, Bd. II: Elektrische Schweißtechnik. 4. Aufl. 1945. Berlin, Springer-Verlag. — Z e y e n u. L o h m a n n: Schweißen der Eisenwerkstoffe. 2. Aufl. Düsseldorf 1948. Verlag Stahleisen. — T e w e s: Stahl und Eisen beim Schweißen. 2. Aufl. Essen 1944. Vulkan-Verlag Dr. W. Classen. — Gönner: Die elektrische Widerstandsschweißung. 2. Aufl. München 1946. Carl Hanser Verlag. — Hänchen: Schweißkonstruktionen. Berlin 1939. Springer-Verlag. — Klöppel-Stieler: Schweißtechnik im Stahlbau. Berlin 1939. Springer-Verlag. — Conrady-Mehls: Die Schweißtechnik und ihre Anwendung im Karosseriebau. Berlin 1941. Berliner Verlagshaus C. Langbein. — Werkstattbücher. Herausgeber H. H a a k e. Berlin, Springer-Verlag. Heft 13: Schimpke: Die neueren Schweißverfahren. 6. Aufl. 1943, Heft 43: Klosse: Das Lichtbogenschweißen. 3. Aufl. 1942. Heft 73: Fahrenbach: Widerstandsschweißen 1939. Heft 74: Hesse: Praktische Regeln für den Elektroschweißer. 2. Aufl. 1943. Heft 85: Ricken: Das Schweißen der Leichtmetalle. 2. Aufl. 1948. — Anleitungsblätter f. das Schweißen u. Löten von Leichtmetallen. Berlin 1940. VDI-Verlag.

Sachverzeichnis.